생명을 이어온 빛

생명을 이어온 빛
광합성의 신비

초판 1쇄 인쇄 | 2024년 2월 10일
초판 1쇄 발행 | 2024년 2월 15일
지은이 | 라파엘 조빈
옮긴이 | 이현숙
감　수 | 안태석
펴낸이 | 조승식
펴낸곳 | 도서출판 북스힐
등록 | 1998년 7월 28일 제22-457호
주소 | 서울시 강북구 한천로 153길 17
전화 | 02-994-0071
팩스 | 02-994-0073
홈페이지 | www.bookshill.com
이메일 | bookshill@bookshill.com
인스타그램 | @bookshill_official

정가 15,000원
ISBN 979-11-5971-532-7

생명을 이어온 빛

광합성의 신비

라파엘 조빈 지음
이현숙 옮김·안태석 감수

북스힐

서문

"대학 다닐 때 친구 녀석이랑 이런 생각을 했었어요. 한번 들어보실래요?"

"그럼요."

"친구랑 저는 이런 생각을 했어요. 잔디가 녹색으로 자라는 이유는 뭘까. 그걸 알아내고 싶었거든요. 황당하게 들리겠지만 이게 세상에서 가장 중요한 연구 과제예요. 이유를 알려드릴게요. 이곳에 있는 잔디를 비롯하여 나무의 초록 잎에는 아주 작은 녹색 엔진이 있는데, 여기에는 햇빛에서 얻은 에너지를 저장할 수 있는 신비로운 힘이 있어요. 그게 석탄과 석유, 목재에 열과 에너지가 저장되는 원리라는 걸 아실 거예요. 이 녹색 식물 속에 존재하는 수백만 개의 작은 엔진이 지닌 비밀을 알아낼 수만 있다면 우리는 큰 엔진도 만들 수 있겠구나, 하고 생각했죠. 그러면 우리에게 필요한 모든 에너지를 햇빛에서 직접 얻을 수 있을 테니까요."

"놀랍군요. 전혀 생각지도 못했어요."

"둘이서 그걸 알아내겠다고 밤낮없이 파고, 또 팠어요. 너무 들떠서 자는 것도 잊었죠. 사소한 정보라도 알게 되면 며칠이고 구름 위를 걷는 듯이 설렜어요."

"그랬군요. 그래서 어떻게 됐어요?"

"뭐, 그러다가 둘 다 졸업했죠. 그 친구는 지금 자동차를 팔고 있고, 저는 생뚱맞게 은행업에 몸담고 있네요."

- 진 아서/제임스 스튜어트 주연, 영화 〈우리 집의 낙원(You Can't Take It with You, 1938, 컬럼비아 픽처스)〉 중에서 -

내가 오래도록 광합성을 연구하게 된 계기는 1938년 개봉한 이 흑백 로맨틱 코미디 영화였다. 이 영화에서 사랑에 빠진 은행가의 아들은 괴짜 교수의 딸에게 청혼한다. 중요한 장면은 은행가의 아들이 식물의 숨겨진 힘을 연구하겠다는 허무맹랑한 열정을 기어이 드러내는 순간이다.

이 영화를 보기 전까지 나는 학교에 다니는 대신 아역 배우로 일하던 병약한 아이였다. 나는 최면에 걸린 듯 빠져들었다. '그 녹색 엔진이라는 거, 말이 되는데!' 속으로 외쳤다. 그게 여자의 마음을 얻는 데 필요하다면 광합성이라고 불리는 이 불가사의한 힘에 관하여 속속들이 알아야겠다고 다짐하였다.

나는 그때부터 결석하지 않고 학교에 다녔고 내 꿈을 응원해주는 선생님의 도움으로 온실도 만들어보았다. 연기를 그

만두고 공부에 집중한 결과, 자유분방하게 살던 가족 구성원 중 처음으로 제대로 된 고등학교를 졸업하게 되었다. 광합성을 공부하면서 나는 배우에서 벗어나 분자생물물리학 및 생화학 전공으로 박사 후 과정을 마치게 되었다.

영화 〈우리 집의 낙원〉은 딱히 식물과학을 다룬 영화가 아니다. 이를 본 사람들은 대부분 물질적 풍요가 정서적 만족으로 이어지는지 생각하게 된다고 말할 것이다. 운이 좋았는지 영화가 만들어진 후로 현재까지 82년이라는 시간이 흐르는 동안 행복의 조건에 답하는 것보다 광합성 연구에서 훨씬 많은 진전이 있었다.

나는 지금도 햇빛의 힘을 저장하고 싶다. 안타까운 점은 광합성을 연구한다고 해서 항상 여자의 마음을 얻을 수 있는 것은 아니라는 것이다. 당시에 내가 그 사실을 몰랐다는 것이 그나마 다행이었다.

광합성을 주제로 글을 쓰는 이유

광합성은 햇빛을 화학 에너지로 전환하는 과정이고, 여기에는 말로 다 할 수 없는 여러 복잡한 생물학적 과정이 포함된다. 이 책은 이 아름답고 복잡한 시스템을 분석하지 않는 대신 사람과 지구에 어떤 가치와 영향력이 있는지 살펴본다. 이 책으로 광합성의 용도를 알릴 생각은 없다. 이 책은 분명

참고 문헌으로 쓰기에 충분하지 않고, 셀 수 없이 많은 연구 업적을 온전히 담을 수도 없다. 그러나 아주 작게나마 자연의 신비를 발견할 때 과학자들이 느끼는 환희와 경이로움을 어느 정도 전할 수 있기를 바란다.

광합성은 생물학에서 흔히 화학적, 지질학적 혹은 우주적 압력을 견뎌내려 반응하는 것으로 묘사되는 과정이다. 이런 정의로는 빛을 생명으로 바꾸는 것이 어떻게 지구를 만들어왔고 또 지속할 수 있는지 이해하기 어렵다. 광합성은 원초적이고 강력한 자연의 힘에 반하여 나타나는 현상이 아니다. 광합성 자체가 자연의 힘에 속하기 때문이다.

광합성은 지구상에 생명체가 태어날 무렵부터 생명이 살아갈 수 있는 공간과 자원을 꾸준히 넓혀왔다. 바다를 바꾸어놓고 대기를 만들고 산과 대륙을 빚었다. 한때 지나치게 적대적이던 우리 풋내기 행성을 지금까지 그 어떤 것과 비교해도 뒤지지 않을 정도로 생명력과 에너지가 샘솟는 활기차고 기품 있으며 풍요로운 세상으로 바꾸어놓았다. 그뿐인가. 형형색색 화려하게 어우러져 놀라움마저 자아낼 정도로 만들어놓았다.

사과와 40%가량 유전자를 공유하는 우리 인간 종은 광합성의 직접적 산물이다. 호모 사피엔스가 이토록 어마어마하게 성공을 거두게 된 데에는 광합성을 입맛에 맞게 잘 조작해온 공이 컸다. 그러다가 수백 년에 걸쳐 그릇되게 써왔고 오늘날 온갖 난관에 직면했지만, 그럼에도 광합성은 복잡한 세상에 다시 균형을 찾아줄 만큼 충분히 크고, 빠르고, 강력한 힘이자 더 늦기 전에 황폐해진 우리 생태계를 바로잡을 가장 해볼 만하고 확실한 방법이다. 이게 다가 아니다. 우리에게 식량을 공급하거나, 새로운 일자리를 제공하고, 크고 작은 생명을 위해 서식지를 개선해주기도 할 것이다.

그렇게 되도록 우리가 가만히 놔두기만 한다면 말이다.

추악하고 부작용이 뒤따르는 방식으로 자연환경을 착취하느라 상황이 계속 나빠지고 있다는 것이 현실이다. 선진국은 남아 있는 자원을 마지막까지 집어삼킴으로써 이제껏 창출한 건강상, 재산상의 막대한 이득을 지키고 싶어 한다. 개발도상국은 선진국을 따라잡기 위해 더 많은 에너지를 사용하고, 역시나 남아 있는 자원을 선진국보다 더 많이 소비하려 한다.

세계적으로 정책 입안자들과 재계, 지역사회 및 정신적 지도자들은 탄소세 혹은 탄소 배출을 줄이기 위한 유사 억제책으로 시험하기 시작하였다. 우리는 엄청난 양의 이산화탄소가 기후를 불안정하게 만들고 있다는 사실을 절대 잊지 말고 홍수에서 기근까지 모든 자연재해에 대한 책임을 져야 한다.

탄소 사용을 줄이기 위해 이 같은 노력은 필수지만 그것만으로는 충분하지 않다. 자연환경에서 저절로 제거되지 않는다면 배출물은 계속 축적될 수밖에 없다. 우리는 배출량을 줄일 뿐만 아니라 대기를 재생시키기 위해 지구 수용 능력을 키워야 하는데, 이를 실현할 방법이 딱 하나 있다.

사람들이 날씨에 관하여 이러쿵저러쿵 시끄럽게 떠드는 와중에도 광합성은 40억 년이라는 시간 동안 하루도 빠짐없이 모든 대륙과 해양에 건설적이고 일관되며 긍정적인 메시지를 조용히 퍼트려왔다. 우리가 무언가를 먹고 숨을 쉴 때마다 광합성의 혜택을 맛보고, 맡고, 만지고, 볼 수 있다.

광합성은 지금까지 무엇과도 비교할 수 없을 만큼 거대하고 강력하며 독자적인 탄소 네거티브 기술이다. 누구든 마음만 먹으면 언제든지 이를 활용할 수 있어서 어디에 살든 소득 수준이 어떻든 관계없이 모두 광합성 늘리기에 참여할 수 있다. 세계 어디서든 할 수 있고, 다른 탄소 저감 대책과 비교가 무색할 정도로 쉽게 할 수 있다.

나는 이 책을 통하여 우리가 하나의 종으로서 성공을 이어나가고 경제를 발전시켜가면서 환경 파괴를 막을 수 있고, 그에 필요한 재료도 이미 갖추었다는 것을 알리고 싶다. 세상을 재건한다는 발상은 알고 보면 의외로 쉬울뿐더러 우리 건강에도 좋다. 씨앗 하나하나에 세계를 구할 가르침이 담겨 있어서이다.

이 책은 모두 7개의 장으로 구성되어 있다.

1장에서는 광합성이 어떻게 발견되었는지 이야기한다. 일반적으로 예상할 수 있는 내용이 아니라 더 낯설게 느껴지는

데, 그 이유는 오랜 시간 동안 너무도 당연한 것을 이해하지 못했기 때문이다. 햇빛이 무기질을 식량으로 전환하는 수수께끼 같은 원리를 400년에 걸쳐 인간의 창의력으로 차근차근 풀어나갔다. 그러면서 제한적이고 비관적이었던 인간과 자연의 관계에서 벗어나 자연이 전 세계, 그것도 어마어마한 인구 수를 먹여 살릴 수 있도록 바꾸어놓았다.

2장에서는 광합성과 지구의 관계를 간략하게 짚어본다. 태양 에너지를 연료로 한 생물학적 과정이 우리가 오늘날 알고 있는 세상을 어떻게 만들어왔는지, 생명 활동이 어째서 세상을 몇 번이고 탈바꿈시키고도 남을 정도로 강력한지 확인해본다.

3장에서는 누구 혹은 무엇이 이 마법의 진짜 원인인지 묻는다. 이에 대한 답을 들으면 놀라움이 가시질 않는다. 세계적으로 영향력을 행사하는 새로운 생명체가 오늘날까지도 끊임없이 발견되기 때문이다. 지구에서 가장 풍요로운 자원과 환경은 광합성을 하는 식물, 그리고 인간을 포함한 동물이 협력함으로써 탄생한다.

4장은 육지와 바다에서 관찰되는 여러 다른 광합성의 유형을 살펴본다. 이는 어떻게 하면 가장 나은 방법으로 탄소를 처리하고 지구의 취약한 시스템을 재조정할 수 있을지 예측하도록 한다. 어느 대륙에서든 어느 환경에서든 기회는 수없이 많다.

나는 5장에서 두려운 동시에 희망을 주는 근거들을 제시한다. '좋은 소식' 편에서는 인간이 과거에 극복해온 어마어마한 장애물을 부각시키고, 그런데도 현재 앞에 놓인 거대한 난관을 뚫을 지속 가능한 해결책을 찾을 수 있음을 보여준다. '나쁜 소식' 편에서는 인간의 부절제로 수억 년 동안 이어져 온 생물학적 진보가 어느 정도까지, 어떤 속도로 흐트러지고 있는지 밝힌다.

6장에서는 광합성의 가치를 알아본다. 우리 경제에서 조금이라도 가치를 지닌 물건은 인간에게 온전히 무료로 제공되는 태양광 에너지를 직간접적으로 활용하는 과정에서 만들어진다. 광합성이 얼마나 가치 있는지 나타낼 수 있다면 사람들은 광합성을 더 고맙게 여길 것이다.

끝으로 7장을 통하여 나는 인류가 어디까지 나아갈 수 있을지 묻고 싶다. 우리에게는 아직 선택의 여지가 있다. 지구를 다시 활발하게 자라게 할 수 있다. 더 많은 식량을 생산하고, 더 많은 생명체를 살아가게 하고, 보다 공정한 세상을 만들 수 있다. 게다가 이 모두를 돈을 벌어가면서 할 수 있다. 무엇보다 주변 환경에 구애받지 않고 개개인이 건설적이고 긍정적으로 이바지할 수 있다.

과학자들도 사람이다 보니 큰돈을 벌거나 자연에서 얻는 수익을 어떻게든 더 쥐어짜려는 욕망에 사로잡히기도 한다. 그러나 대부분은 연구 중인 경이롭고 찬란한 생명체를 아끼는 마음에 기운을 얻고 앞으로 나아간다. 그리고 누구 하나 예외 없이 세상을 조금이라도 나아지게 만들기를 바란다.

과학자들이 이런 마음을 품고 있다고 확신하는 이유는 나 역시 똑같은 동기로 연구를 진행해왔기 때문이다. 나는 무언가가 성장하는 모습을 보는 것이 너무 좋아서 중학생 때 온실을 만들어 식물을 가꾸는 것부터 시작하였다. 그때부터 장래 희망이 생물학 연구원이었다. 당시 떠올릴 수 있는 가장 특이한 직업이었고, 내 가족이 만드는 재미없는 영화보다 훨씬 흥미롭게 느껴졌다. 당시 유전공학이라는 새로운 분야가 뉴스를 도배하면서 나는 영화 〈블레이드 러너〉에 나오는 엘던 타이렐 박사처럼 생명체를 재단하고 싶었다. 그래서 시각 장애인인 내 형제에게 새로운 눈을 만들어주고 싶었다.

나는 대학에서 초기 DNA 염기서열 분석법, 효모 속의 유전자를 조작하는 법, 단백질을 결정화하는 법을 배웠다. 분자생화학 및 생물물리학을 졸업한 뒤에는 연구소에 취직하였다. 당시는 화학 반응으로 만든 광합성이 한창 유행했던 때라 빛 에너지가 어떻게 화학적 에너지로 전환되는지 알아내어 '생물학적 원리를 이용하여 태양열로 전기를 생성하는 전지'를 만들어보려 하였다.

그러나 첫 현장 연구에서 해양 생물의 광합성을 관찰한 뒤로 레이저 연구소에서 몇 달 연구해보았자 광합성의 진정한 잠재력을 배울 준비조차 안 된다는 것을 깨달았다. 현실에 존재하는 생명체들은 내가 상상했던 것보다 더 복잡하고 회복력이 있다. 남극 대륙의 빙하 아래와 오존층 구멍 아래 살았던 조류의 반응을 살펴본 결과, 자연적 공동체들은 유연하고 즉각적으로 반응하며 내가 분자생물학자로서 추측했던 것 이상으로 강인하였다. 조건만 딱 들어맞으면 수많은 조류는 주변 환경에 빠르게 적응하는데, 너무 빠르게 분열하다 보니 주위에 있는 그 어떤 생물보다도 개체 수가 많아진다. 나는 생태계에 지장을 초래할 이른바 '적조'를 예방하고 잘 관리할 수 있도록 조류가 '대증식(bloom)'하는 계기가 무엇인지 연구하기 시작하였다.

그러다 가족이 늘어나고 경기가 나빠지면서 삶이 다시 걸림돌이 되었다. 나는 경영 컨설턴트로 일을 시작하였고, 조류 바이오 연료 사업이 주목받기 시작할 무렵에도 제약 회사 합병에 필요한 대차대조표를 작성하였다.

나는 사무실에 틀어박혀 있으면서도 현장 연구를 꿈꾸었다. 조류가 그리웠다. 생물학자 친구들이 조류를 기르는 데 비용이 너무 많이 든다고 불평하며 미 해군이 바이오 연료 1갤런 당 700달러를 지급하고 있다고 알려줄 때 나는 어리둥절하였다. 조류는 35억 년 동안 봄과 가을만 되면 돈 한 푼 안 들여도 어마어마한 규모로 쑥쑥 알아서 잘 자라고 있었기 때문이다. 웅덩이만 있으면 조류는 저절로 가득 찬다. 나는 궁금하였다. "조류를 기르는 게 뭐가 그렇게 어렵다는 거지?"

나는 새로 발견한 컨설턴트 기술로 조류를 기르는 데 왜 그리 비용이 많이 드는지 따져보았다. 뛰어난 공학자들은 유명한 연구소의 조류 품종을 인위적으로 조건을 바꾸어가며 산업적 규모로 키우려고 시도했었다. 결과는 대체로 만족스러웠지만 시스템을 구축하기가 복잡하고 불안정했으며 비용도 만만치 않았다. 매 단계에서 반응 장치 내·외부에 있는 생명체 제어를 목표로 삼았지만 실제 자연에서는 생명체가 주변 환경을 제어한다. 나는 자연을 있는 그대로 재현하려 노력하면서 연안에서 발생하는 '대증식' 형성 과정을 어떻게 인공 연못에 적용하여 조류를 배양할지 연구하기 시작하였다. 나는 복잡하게 고안된 고비용 방식을 저비용 자연 방식으로 교체하는 과정을 설계하여 특허를 받았다.

인구와 환경의 동향을 고려하면 앞으로 식량이 더 많이 필요할 수밖에 없었다. 나는 불균형을 해결할 수 있기를 바라며 사업에 뛰어들었고, 곧바로 남아프리카에 있는 한 전복 농장에서 실험을 시작하였다. 다음으로 규모를 260배 키워 오만에서 연구 프로젝트를 진행하였고 뒤이어 모로코 사하라 사막에서는 기존 프로젝트 부지보다 15배 넓은 면적에서 연구를 지속하였다. 예상했던 대로 자연과 함께 작업하기는 녹록지 않지만 현재 동물 사료, 인간 식량, 고부가가치 화학 약품, 색소, 의약품에 쓰일 미세조류를 배양하고 있다. 귀한 식량을 사막·바닷물·햇빛에서 새롭게 만들어내고 있고, 생산 체계의 규모를 확장해나가고 있으며, 지구상에서 가장 오래된 성장 시스템을 이용하여 미미하게나마 이 행성의 균형을 재조정하는 데 일조하고 있다.

우리는 비록 어수선한 세상에서 살고 있지만 더 살기 좋고 풍요로운 세상을 만들기 위해 새로운 기회를 모색할 수 있다.

인류는 겉보기에 불가능한 난관을 몇 번이고 극복해왔다. 이번에도 마찬가지이다. 누구든지 현실적으로 이바지할 수 있다. 조류를 배양하기 위해 사막에 갈 필요도 없다. 신나게 즐기면서도 얼마든지 가능하다.

차례

서문 광합성을 주제로 글을 쓰는 이유 4

CHAPTER 1 광합성이란 무엇인가? 19

광합성의 발견 20

신비주의자, 성직자와 의사 22

대중에게 식량을, 혁명에는 기름을 29

CHAPTER 2 태양에서 비롯된 지구의 변화 41

시초 41

대산소 발생 사건 46

다시 일어서는 행성 50

생명에게 필요한 그 외 영양분 56

CHAPTER 3 광합성 생물들 65

새로운 친구, 광합성 세균 67

공생 69

생태계가 만들어지는 과정 72

그리 작지 않은 광합성 생물들 79

새로운 유형의 광합성이 중요한 이유 88

CHAPTER 4 | 살아 숨 쉬는 얇은 껍질로 덮인 지구 91
광합성으로 세상의 균형을 바로잡을 수 있을까? 103

CHAPTER 5 | 좋은 소식… 그리고 나쁜 소식 109
농업의 기적 109
야생 동물이 중요한 이유 128
빙하기의 반대 132
정치도 중요한 이유 142

CHAPTER 6 | 광합성이 세상을 구하는 법 147
결론: '우리에게 무슨 이익이 있는가' 147
더 큰 작물과 목초지 관리 157
새로운 혁신 산물 168
해안 사막의 녹지화와 그 외 바닷가 이야기들 176
우리는 광합성을 개선할 수 있을까? 186

CHAPTER 7 | 햇빛 수확하기 191
우리가 해결책이 될 수 있다 201

주 213
감사의 말 223

CHAPTER 1

광합성이란 무엇인가?

아내는 긴급하게 이메일을 보내면서 내가 빨리 읽기를 바라면 언제나 제목에 '조류(algae), 조류, 조류'라고 쓴다. 나는 이런 장난에 번번이 속아 넘어간다. 많은 사람이 단세포 생물에 흥미가 없다는 사실을 잘 알고 있다.

많은 독자가 '광합성'이라는 알쏭달쏭한 세 글자 단어가 무슨 의미인지 정확히 잘 모를 수 있다는 사실도 알고 있다. 중고등학교 시절에 다음의 광합성 반응식을 배우느라 힘들었던 기억이 난다.

$$6CO_2 + 12H_2O \rightarrow C_6H_{12}O_6 + 6O_2 + 6H_2O$$

'광합성'이라는 불가사의한 에너지 기작을 간단히 설명하면 다음과 같다.

1. 광합성이란 생명체가 빛 에너지를 포착해 물과 기체 같은 단순 자연 화합물을 결합해서 더 복잡하고 유익한 화합물로 전환하여 성장과 번식, 발아에 에너지를 공급하고 지구상에 존재하는 거의 모든 생명에 활기를 부여하는 과정을 일컫는다.
2. 이처럼 외부 에너지원을 사용하는 생명체를 1차 생산자라고 한다. 이들은 모든 먹이사슬의 밑바탕이 된다.
3. 광합성을 하는 생명체는 초록 잎을 가진 육상 식물만이 아니라 물속에도 존재한다. 전체 영양분, 에너지, 화학적 순환이라는 측면에서 균형을 유지하는 데 매우 중요한 역할을 하는 다양한 생명체가 존재한다.

광합성의 발견

지금으로부터 약 400년 전에는 식물이 흙을 '먹는다'는 것이 사회적 통념이었다. 사람들은 수만 년간 식물을 세심히 돌보고 관찰하고 골라내고 이름 짓고 분류하고 수확했으면서도 '식물이 흙을 먹는다'는 잘못된 시각을 버리지 않았다.

사람들은 과일, 곡물, 견과와 딸기류 열매가 매우 영양가 있는 식품이라는 것을 익히 알았고, 석기시대 때에는 식량이 부족할 때를 대비해 영양가 높은 식품을 저장하였다.

그러다가 농작물을 심으면서 기후가 온화한 지역에 사는

사람들은 한곳에서 정착 생활을 하게 되었다. 식량을 생산하고 거래하고 보관하는 것이 부자가 되는 길이며 고용의 기회를 얻는 주된 원천이 되었다. 우리의 의복, 주거시설, 나아가 생존이 식물 재배에 따라 결정되는 상황이 되었다.

역사상 지구에서 가장 영리한 생명체인 인간은 주위 환경을 통해 배우고 세세한 부분까지 신경 써가며 번영을 누려왔다. 그런데 이유는 모르겠지만, 수천 년 동안 사람들은 식물에 햇빛이 필요하다는 사실을 알아차리지 못하였다. 오히려 식물이 자신이 뿌리를 내린 토양을 소모한다는 인식이 만연하였다. 농사를 한 번 지었던 토양에서는 영양분이 빠져나간다. 반면에 휴한지, 즉 경작을 마친 뒤 회복기를 갖는 땅은 연달아 농사를 지은 땅에 비해 토질이 좋다. 이러한 경향을 눈여겨본 농부들은 '식물이 흙을 먹는다'는 잘못된 인식을 가지게 되었다.

식물과 햇빛의 관계에서도 유사한 현상이 나타났다. 과거 농부들은 식물과 빛의 연관성을 알지 못하였다. 겨울 동안 햇빛이 통하지 않는 바구니에 감자를 보관하면 노란색 싹이 나온다. 그런데 감자를 꺼내 빛을 쏘여주면 노랗던 싹이 하루 만에 초록색 싹으로 변한다. 분명히 농부들은 이런 변화를 보았겠지만 '햇빛의 중요성'은 알지 못하였다. 태양을 향해 고개를 돌리는 해바라기를 보면서도 '햇빛의 중요성'을 간과하였던 것이다.

신비주의자, 성직자와 의사

광합성을 이해하려는 분위기는 17세기가 되어서야 비로소 조금씩 엿보였지만 이렇다 할 진척은 없었다.

처음으로 돌파구를 연 것은 벨기에 플랑드르 지역의 한 의사였다. 얀 밥티스타 판 헬몬트(Jan Baptist van Helmont)는 주로 인체생리학을 연구하던 의사였다. 그는 '기체'라는 새로운 용어를 의학 문헌에 처음으로 도입하였다. '발효 곰팡이'가 와인 저장고 속 공기를 인간이 호흡하기에 부적절하게 만들고, 정맥 혈액 안으로 유입되었다가 폐에서 배출된다는 것을 발견하였다. 즉 이산화탄소가 와인 발효 과정에서 발생한다는 것을 처음 확인한 것이었다.

그는 1620년대에 '식물이 흙을 먹을까?'라는 주제로 실험에 착수하였다. 버드나무 묘목 한 그루를 뚜껑이 있는 화분에 심고, 말린 흙 200파운드(약 91 kg)를 조심스레 재어 화분에 담고 나무가 자라는 모습을 관찰하였다. 식재한 지 5년이 지난 후 나무 무게는 169파운드(약 77 kg)가 늘었지만 흙의 무게는 고작 2온스(약 57 g)만 줄었다는 사실을 확인하였다. 그는 '식물이 흙 대신 물을 먹는다'는 결론을 내렸다. 실험 방식에 문제가 있다고 이의를 제기하는 사람도 있었지만 이 실험은 식물 성장에 작용하는 요소를 조사했던 체계적이고 반복 실행된 근대적인 실험의 시초였다.

광합성에 관한 발상도 오래전부터 있었다는 증거들이 있다. 예로 레오나르도 다빈치(Leonardo da Vinci)가 호박씨로 유사한 실험을 진행했었다는 것이 훗날 미공개 기록에서 밝혀진 바 있다.[1] 다빈치에게 영감을 준 사람은 니콜라우스 쿠사누스(Nicholas of Cusa)로 추정되는데, 그는 1450년 자신의 저서 『De staticis experimentalis』에서 이 같은 실험을 제안하였다.[2] 그리고 니콜라우스 쿠사누스 본인도 서기 200년에서 400년 사이에 쓰인 그리스 기록 문서 「Recognitions」에서 영감을 받았을 것으로 추정된다. 이렇듯 발상은 누군가 실제로 실험에 착수할 때까지 수천 년이 걸리기도 한다.

판 헬몬트는 식물이 흙을 먹지 않는다고 증명함으로써 '광합성'이라는 긴 여행의 중간 지점까지 우리를 데려왔다. 그러나 그는 이 연구로 스페인 종교 재판에 회부되었고 신성 모독으로 가택 연금을 당하였다. 그의 연구는 더 진행되지 못하였고 광합성에 이산화탄소가 중요한 역할을 한다는 결과도 얻지 못하였다. 그의 실험 결과는 그가 사망한 뒤 1648년 그의 아들의 저서 『Ortus Medicinae』[3]가 출판되면서 세상에 드러났다. 그러나 판 헬몬트는 자신이 심은 나무가 기체와 햇빛을 소모하였다는 사실을 완전히 놓치고 말았다.

인류 지식에서 진전을 보인 것은 1679년이 되어서였고, 이때 프랑스의 물리학자이자 성직자인 에듬 마리오트(Edme Mariotte)는 식물이 영양분 일부를 공기에서 획득할 수 있다는 이론을 펼쳤다. 그는 프랑스 과학아카데미 창립 회원으로 재능 있는 인물이었지만 안타깝게도 연구 결과는 출판하지 못하였다. 실제로 『공기의 성질과 식물 성장에 관한 담론. 관점의 새로운 발견(Discours de la nature de l'air, de la végétation des plantes. Nouvelle découverte touchant la vue)』만이 250년 후인 1923년에 출판되었다.[4]

이쯤에서 젊은 과학자들에게 당부의 말을 전한다. 첫 번째, 여러분의 연구 결과를 제발 공개하고, 널리 알리고, 실험하고, 반복 실험을 하고 또 논의할 것. 두 번째, 자신의 발상이 마법처럼 저절로 세상에 알려지리라 기대하지 말 것. 세 번째, 설령 알려지더라도 사람들이 받아들이기까지 오랜 시간이 걸릴 수 있다는 것을 명심하길 바란다.

이처럼 천천히 진행되는 과학 발견의 여정 속에서 다음으

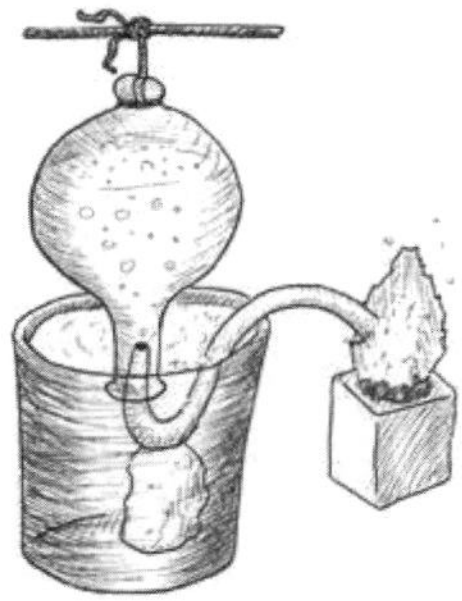

그림 1. 1727년 스테판 헤일스는 기체를 가두는 장치를 직접 만들었고, 그렇게 모은 기체를 식물의 영양분으로 공급하였다. 그림은 그의 저서 『Vegetable Staticks』에서 수정한 연소 가스 수집 장치의 모습이다.

로 중요한 사건은 18세기가 되어서야 나타났다. 영국의 성직자이자 최초로 혈압을 측정하는 등 많은 업적을 남긴 스테판 헤일스(Stephen Hales)는 식물의 잎에서 수분이 빠져나가는 증산작용을 연구하기 시작하였고, '식물이 잎을 통해 공기로부터 영양분의 일부를 얻을 것'이라고 추측하였다.

그는 직접 숨을 불어넣어 작동하는 풍구와 신기한 '재호흡(rebreathing)' 기구(호흡으로 발생한 이산화탄소를 모으는 초기 실험 장치-옮긴이)들을 사용해 숨을 헐떡이면서 뒤집힌 병으로 실험하였고, 식물을 밀폐된 공간에서 기르면서 수면 위 공기의 부피가 줄어드는 모습을 관찰하였다. 그는 공기가 '식물의 실체 속으로 흡수되고 있었다'고 결론 내렸다. 그가 1727년에 발표한 저서 『Vegetable Staticks』[5]에서는 빛이 식물의 에너지원일 것으로 추측하기도 하였다.

이러한 발상이 차츰 유럽에 퍼지기 시작하였다. 네덜란드의 의사 얀 잉엔하우스(Jan Ingenhousz)는 1779년에 밀폐된 병 안에 식물의 잎을 물에 잠기게 둔 상태에서 방울이 생기기를 기다리는 것으로 식물이 공기를 교체한다는 발상을 검증해보기로 하였다. 잎을 물에 담가 몇 병이고 실험을 해봐도 실패만 하던 어느 날 한 줄기 햇빛이 우연히 병 하나를 비추었다. 그는 몇 분 만에 그토록 오래 기다리던 방울이 만들어지는 모습을 관찰할 수 있었다.

당시 과학계 통념을 굳게 믿고 있던 잉엔하우스는 햇빛이 이 현상과 관련이 있다는 것에 놀랐다. 그래서 여러 종류의 식물을 병에 담아 햇빛이 드는 곳과 들지 않는 곳에 두고 실험을 반복하였다. 심지어 방울 생성의 원인이 벽난로에서 오는 난방열인지 아니면 태양에서 오는 가시광선인지도 실험하였다. 마침내 '햇빛이 방울 생성에 필요하다'는 사실을 확인하였고 방출된 기체는 '불이 붙는 공기'라고 결론 내렸으며 이를 곧 산소(oxygen)라고 부르게 되었다. 그는 실험을 이어갔고, 어둠 속에서 방출되는 기체는 '공기를 나쁘게 만든다', 낮 동안 방출되는 기체는 '공기를 정화한다'고 표현하였다. 오늘날 우리는 식물이 낮에 공기를 사용하면서 공기 중 이산화탄소를 제거하고 산소를 내뿜고 밤에는 이산화탄소를 생성한다는 사실을 알고 있다.

계몽주의가 끝나갈 무렵 광합성에 대한 이해가 큰 진전을 이루었고, 이래즈머스 다윈(Erasmus Darwin) 덕분에 광합성을 과학적으로 이해하는 데 큰 한 걸음을 내딛게 되었다. 그는 박식한 의사이자 병리학자이며, 식물학자인 동시에 그 유명한 찰스 다윈의 할아버지였다. 노예 매매 폐지론자, 여성 교육 지지자(특히 자신의 사생아 딸들을 위해), 그리고 「식물의 사랑(The Loves of the Plants)」[6]처럼 기이한 시를 쓰는 작가이기도 하였다. 그는 1789년에 발표한 이 시에서 생물학적 진화라는 꼭꼭 감추어진 개념을 처음으로 언급하였다.

이래즈머스 다윈의 저서인 『식물원(The Botanic Garden)』

2부에 실린 이 시는 '사죄'의 말로 서문을 열며, 대중이 각종 이론과 과학 정보를 쉽게 받아들이길 바라는 마음으로 이집트, 로마와 그리스의 신들을 비롯해 땅속 요정, 공기 요정, 자연 정령과 불도마뱀 같은 신화 속의 존재를 배치했다고 간략히 설명하였다.

시의 내용은 두서없이 화제가 이리 튀고 저리 튄다. 예를 들면 첫 편에는 다음과 같은 순서로 화제가 등장한다. '서방의 용, 전기 입맞춤. 성자의 머리 주위를 둘러싼 후광, 전기 충격, 구름에서 나온 번개. 제우스의 벼락을 낚아챈 큐피드, 혈액에서 생성되는 인산과 생체열. 밤하늘의 거대한 알과 자유분방한 서쪽 바람'이 등장한다. 총 두 권으로 구성된 그의 저서 『식물원』은 각각 4개의 편으로 나뉘고, 전체적으로 보면 부가 사항, 주장, 각주, 과학 연구 결과와 자료 목록들이 산재하며 터무니없이 혼란스럽다.

그렇지만 햇빛과 관련된 '주석 5'에서 이래즈머스 다윈은 1.I.136편에 다음과 같은 내용을 덧붙인다.

> 요즘 어떤 철학자들은 태양이라는 위대한 근원을 통해 지구와 여러 행성이 현재 보유한 모든 플로지스톤(phlogiston, 한때 가연성 물질에 존재한다고 믿었던 물질)을 얻는데, 이는 모든 불투명한 물체에 햇빛이 닿으면 만들어지지만 특히 햇빛을 흡수하도록 적응된 기관인 식물의 잎과 만나 생성된다고 믿는다.

그렇게 보면 동물들 역시 식물에서 영양분을 얻으면서 부차적으로 태양에서 플로지스톤을 얻게 된다. 그리고 끝으로 인간 노동으로 뚫은 지구의 얇은 지각에서 발견되는 거대한 양의 광물계도 분명 죽은 동물과 식물의 몸체로 만들어졌기 때문에 태양에서 플로지스톤을 얻은 셈이다.

시에 첨부된 추가 주석은 태양의 작용 원리에 관해 독특한 이론들을 펼치며 이어진다. 그러나 다윈은 이해하기 힘든 자기만의 방식으로 광합성과 식물 성장 사이에서 정확히 무슨 일이 벌어지는지 우연히 발견하게 된다.

연금술, 공기 요정과 수제 기구를 이용한 여러 실험이 혼합되며 식물이 가용 에너지를 생산하기 위해 공기와 물을 흡수한다는 새로운 해석이 등장하였다. 중요한 것은 이 같은 초기 생물학 이론의 영향으로 사람들이 물과 기체를 식량과 산소로 변환하는 과정에 햇빛이 필요하다는 사실을 깨달았다는 점이다. 이것이 바로 광합성의 핵심 원리이다. 이 새로운 아이디어가 알려지는 데 수백 년이 걸렸지만 결국 인류가 수천 년 동안 품어왔던 생각, 즉 '식물이 흙을 먹는다'는 잘못된 생각은 사라졌다.

여기에는 또 다른 교훈이 있다. 통신이 지금과는 비교도 안 되게 느리고 별난 연구원들의 손에 의해 저자 사후에 책이 출판되던 때에도 이런저런 발상은 널리 퍼지고, 살이 붙고 또

객관적인 실험으로 증명되었다는 것이다. 물론 장비는 완성도가 떨어졌고, 취지는 이해하기 힘들었으며, 진행은 답답할 정도로 느렸다. 여기에 더하여 어떤 과학자들은 기존의 이념을 고집하며 새로운 의견이 틀렸다고 주장하였다. 그러나 반복된 실험을 통해 새 이론이 옳다는 결과가 드러나면서 자연에 대한 오해는 서서히 바뀌어갔다.

식물이라 불리는 굶주린 초록 생명체가 토양을 소비하고 있었다는 오랜 믿음이 얼마나 위험했는지 잠시 생각해보자. 이런 생각은 세상을 유한하고 퇴행적이며 비관적인 장소로 만들었다. 반대로 식물이 햇빛, 물, 그리고 공기를 식량으로 바꾼다는 사실을 배움으로써 우리는 세상을 '새로운' 산물이 존재하는 유한하지 않은 곳이라고 인식하게 되었다. 그리고 식물을 매개로 한 산물은 동물 기반이었던 인류의 식습관을 보완하였다. 식물은 동물이 내쉬는 것을 들이마신다. 식물과 동물 할 것 없이 지구상에 한정된 식량과 땅을 먹어 치우기만 하던 세상이 아니라 확장과 성장을 할 수 있는 세상이라는 사실을 이해하게 되었다. 그리고 19세기 초 이런 생각은 필수였다.

대중에게 식량을, 혁명에는 기름을

연금술사, 성직자, 시인과 의사들은 '광합성'에 대한 과학적인 분석을 시작하였다. 근세에 들어 정치, 농업과 산업 분야에서 혁명이 일어나면서 학식 있고, 체계적이며, 반항심을 가진 사람들이 근대 국가를 만들었고 더불어 많은 식량이 필요하게 되었다.

지금부터 소개할 세 과학자는 모두 이 격동의 세기에 등장하였고 어느 정도 사적 고통을 겪었던 인물로 결정적 시기에 인류의 지식을 진보시켰다고 평가받는 사람들이다.

그들 중 첫 번째 인물은 유스투스 리비히(Justus Liebig)이다. 독일 라인 지방 다름슈타트에서 자란 그는 일명 '여름 없는 해'로 불리는 1816년 기근을 경험하였다. 이 시기에 인도네시아 탐보라 화산이 폭발하면서 화산재가 태양을 가려 유럽과 미국 동부 지역에 극심한 냉해가 찾아왔고 햇빛을 보지 못한 식용 작물이 죽어나가는 상황이었다. 그는 이 경험을 토대로 전 세계에 식량을 안정적으로 공급하기 위해 '식물의 힘'을 활용하는 농화학 분야를 창시하였고 그의 후기 업적이 형성되었다.

리비히는 판매용 도료와 염료를 혼합하는 아버지의 일을 돕던 중 '수은 폭탄'을 실험하면서 화학을 처음 접하게 되었다. 그러나 그때 이후로 안 좋은 일이 연달아 벌어졌다. 실험을 하다가 스승의 다락을 태워버린 후 수습 약사직에서 쫓겨났고, 그 뒤로 독일 민족주의 운동에 연루되어 대학을 떠나게 되었다. 그러나 그에게 두 번째, 심지어 세 번째 기회가 있었던 이유는 빼어난 외모 덕분이었을 것으로 추측된다. 그의 친구인 시인 플라텐(August Platen)은 '군살 없는 몸매에 대칭을 이룬 얼굴, 짙은 눈썹 아래로 보이는 커다란 갈색 눈동자, 진심 어린 호의를 느끼게 하는 그를 보자마자 당신은 시선을 빼앗긴다'라고 그를 묘사하였다.[7] 리비히는 연구비를 받아 파리 소르본대학교에서 연구했는데, 이곳은 화학계의 여러 위대한 지성이 모인 곳으로, 그중 알렉산더 폰 훔볼트(Alexander von Humboldt)는 리비히의 수은 폭탄 실험에 감명을 받아 그를 독일 기센대학교 교수직에 추천하였다. 그러나 기센대학교 교수진 중 일부는 획기적 발상을 지닌 의심스러운 젊은 교수를 자기들이 떠맡게 된 것을 달가워하지 않았고, 설상가상으로 그의 첫 화학 비료 실험은 실패하였다. 동료들에게 비웃음을 받으며 연구 자금을 모으고, 때로는 연구실과 연구원에 들어가는 비용마저 자신의 급여를 떼어 지급할 정도로 힘겹게 지내면서도 그는 자신의 저서 『농화학(Agrikulturchemie)』을 일곱 차례나 개정하였고 1856년에 최종판을 출간하였다.

그는 수차례 탈진을 겪어가며 마침내 적은 비용으로 수확량을 늘릴 '질소 비료'를 새롭게 만들어내는 데 성공하였다. 게다가 영양분이 고갈된 토양을 다시 건강하게 만들기 위해 유기물로 보충하는 방법도 입증하였다. 이런 식으로 농부들이 농지가 자연적으로 재생되는 동안 땅을 쉬게 하지 않아도 척박한 토양에서 농장 수확량을 개선할 수 있는 수단과 방법을 최초로 도입하였다.

그 사이 리비히는 클로로포름을 공동 발견하였고, 수은으로 거울을 만드는 과정에서 독성을 줄이는 방법을 찾아냈으며, 분석화학 분야에 혁신을 일으켰고, 베이킹파우더를 발명하였다. 또한 콜레라 환자를 치료하기 위해 (훗날 비프스톡으로 알려질) 고기 추출물을 만들었고, 고아가 된 아기들을 위해 이유식을 현대화하였다. 한때 그를 푸대접했던 대학은 현재 그의 이름을 따서 유스투스 리비히 기센대학교라고 불린다.

두 번째 핵심 과학자는 19세기에 활동한 독일인인 율리우스 폰 작스(Julius von Sachs)이다. 그는 브로츠와프에서 보낸 어린 시절 대부분을 판화가인 아버지와 함께 작품 주제로 쓸 꽃과 균류(fungi)의 표본을 수집하기 위한 탐험으로 보냈다. 안타깝게도 그가 10대였을 때 부모와 형제가 모두 세상을 떠나면서 스스로 생계를 책임져야 하였다. 그 와중에도 그는 끈기 있게 식물을 연구해나갔고 다양한 식물을 꼼꼼하게 분류하였다.

세심한 표본 준비 작업과 조직 착색 기술에 300~600배까지 확대할 수 있는 당시 최신 현미경 기술이 더해지며 그는 세포 소기관이라고 불리는 세포 내 구성단위를 비롯해 실제 광합성을 담당하며 지금은 엽록체라고 알려진 '녹색 알갱이' 등 식물 속 살아 있는 세포 구조를 볼 수 있게 되었다. 그 무렵 유명 대학 학과장이었던 그는 고성능 현미경을 마음껏 쓸 수 있었고 이를 이용하여 강의에 필요한 시각 자료를 커다란 그림으로 아름답게 표현할 수 있었다. 이 그림들은 오늘날까지도 명료함과 기품 면에서 현대 사진술에 견줄 만하다.

작스는 1862년에 식물의 잎에서 색소를 제거한 뒤 엽록체를 요오드로 착색하면서 연이어 놀라운 발전을 이루어냈다 (요오드는 포도당으로 된 고에너지 저장 물질인 녹말에 반응하여 보라색으로 변한다-옮긴이). 작스는 빛에 노출한 잎과 어둠 속에 보관했던 잎을 비교함으로써 전자는 녹말을 생산했지만 후자는 생산하지 않았다는 사실을 발견하였다. 이를 바탕으로 녹말 생산에 햇빛이 필수라고 결론지었다. 잎을 고배율로 확대 관찰한 뒤에는 잎의 기공이 사람이 숨 쉴 때 폐의 모습처럼 활발하게 열리고 닫히는 것을 확인하였다. 그는 식물이 햇빛에 노출되어 기공이 열리면 이산화탄소가 잎에 흡수될 뿐 아니라 그 이산화탄소가 녹말로 전환된다고 이해하였다. 그리고 녹말이 섬유소와 같은 포도당 분자로 되어 있어 녹말이 줄기처럼 식물 구조를 이루는 데 필수라는 비약적인 논리를 제시하였다.

이 시점에서 세 번째 과학자인 장 바티스트 부생고(Jean-Baptiste Boussingault)가 등장한다. 그는 광산 기사로 2년간 일하였고, 남아메리카 혁명군 장군인 시몬 볼리바르(Simon Bolivar)를 따라 화산에도 수차례 오르는 등 다양한 이력을 지니고 있었다. 고국인 프랑스로 돌아오는 과정에서는 정치에도 잠깐 몸담았다. 프랑스 국회에서 공화당 의원으로 활동하며 탈식민지화에 대해 견해를 밝혔을 때는 파리에서 잠시 교수직을 내려놓아야 하였다. 그러나 그는 역사상 위대한 과학자로 남아 있다. 부생고는 리비히가 주장한 농작물 생산을 위한 '질소 비료'의 필요성을 수치로 나타내는 데 결정적 역할을 하였고, 세계 최초로 농업연구소를 설립하였다. 가장 뛰어난 그의 업적은 1864년에 오늘날 우리가 광합성을 처음 공부할 때 배우는 화학 반응식에서 균형이 맞도록 이산화탄소 소모와 산소 생성을 정량적으로 측정하였다는 것이다.

$$6CO_2 + 12H_2O \rightarrow C_6H_{12}O_6 + 6O_2 + 6H_2O$$

(광합성의 화학 반응식)

식물 생장에 관한 모든 요소가 1893년에 밝혀졌는데, 이에 따르면 물과 이산화탄소가 햇빛과 결합해 식물의 녹색 엽록체 안에서 당(포도당)과 산소로 바뀐다. 이제 이 화학식에는 그럴듯한 이름만 붙이면 되었다. 미국 식물학자인 찰스 레이드 반스(Charles Reid Barnes)는 '동화작용(assimilation)', '엄밀한 의미의 동화작용', '탄소 동화작용'이라는 용어들이 불충분하거나 부적절하다고 주장하였다.[8] 그는 '햇빛의 영향으로 엽록소가 존재하는 부위에서 탄산(물에 녹은 이산화탄소)으로부터 탄소 화합물을 합성'하는 과정을 표현하기 위해 '광합성(photosynthesis)'

이라는 용어를 제안하였다.

이 모든 신비주의자, 연금술사, 성직자, 의사, 시인, 과학자와 모험가가 광합성이라는 자연의 필수 과정을 설명하기까지 거의 3세기가 걸렸다. 이 새로운 지식으로 사람들은 식물이 우리가 내쉬는 이산화탄소를 빨아들이고, 식물이 동물에게 필수 보충제이며, 우리가 호흡하는 공기라는 공유 매개체를 통해 식물과 떼려야 뗄 수 없게 연결되어 있다는 것을 마침내 이해할 수 있었다.

이렇게 탄생한 새로운 지식은 과학 분야의 경계선을 넘어 퍼져나갔다. 드디어 19세기 말에, 이산화탄소와 수증기가 대기의 태양열을 가둔다는 의견이 처음으로 대두되었다. 미국의 여성 인권 활동가인 유니스 푸트(Eunice Foote)는 여러 기체의 열 흡수를 처음으로 측정하였다. 푸트는 이산화탄소 농도가 높은 장소에서 기온이 높을 것이라는 이론을 제시하였다. 존 틴들(John Tyndall)은 3년 뒤에 햇빛의 적외선 부분이 이산화탄소에 흡수되면서 열 흡수라는 결과로 이어진다고 밝혔다.

마침내 이 이론이 대기에서 측정되며 맞았음이 확실해지자 스웨덴의 첫 노벨상 수상자인 스반테 아레니우스(Svante August Arrhenius)가 이에 이름을 붙였다. 그는 달에서 반사된 빛의 적외선을 관측해 다음과 같은 사실을 알아냈다. '탄산의 양이 기하급수적으로 증가한다면 기온은 대략 산술급수적으로 증가할 것이다.' 이렇게 대기 가스에서 지표면으로 열이 전달되는 현상을 '온실 효과'라고 명명하였다.[9] 아레니우스는 직접 산출한 결과를 사용하여 광합성이 과도하게 이산화탄소를 흡수하여 지구를 식게 만들고 그 결과 빙하기가 시작된 원리를 어느 정도 파악할 수 있었다. 게다가 인간이 배출하는 이산화탄소가 지표면을 뜨겁게 만들 것이라는 필연적 결론에 도달하였다. 과학계는 1856년부터 이산화탄소 과잉으로 대기가 가열된다는 사실을 알고 있었지만, 어떻게 대처할지 사람들이 고민을 시작하기까지는 100년이 넘게 걸렸다.

여기서 잠깐 멈추고 이 업적들의 규모를 살펴보자. 우리가 광합성을 이해하게 된 배경에는 여러 원인이 있었다. 이 시기에 전 세계 인구가 5억 4,000만 명에서 16억 5,000만 명으로 어마어마하게 증가하였다.[10] 인구 증가에 따라 필요한 식량은 3배가 되었고 결과적으로 더 좋은 비료를 만들어내고 농업 생산량을 증가시켜 식량 생산을 3배로 만들어야 하였다. 이만한 식량 증산은 우리가 식물을 자라게 하는 요인을 알아냈기 때문에 가능해졌다.

찰스 반스가 이 과정에 이름을 붙인 이래로 100년 정도 만에 분석 기술과 근대 화학이 발전하면서 광합성을 조금 더 깊이 이해하게 되었다. 과학자들은 녹색 식물이 광합성을 하는 유일한 생물이 아니라고 추정하였다. 광합성이 여러 다양한 형태로 존재한다고 밝혀냈고, 당을 생성하지 않고도 광합성을 하는 기이한 미생물도 찾아냈다.

이렇게 새로운 발견이 이루어질 수 있었던 이유는 우리가 후에 광합성을 '생명체가 빛을 포착해 저장하는 과정으로, 저장된 에너지는 에너지가 필요한 세포 과정을 일으키는 데 사용된다'고 폭넓게 정의했기 때문이다.[11]

물론 육상 식물은 주위에서 쉽게 접할 수 있고 이해하기도 쉬워서 가장 잘 알고 있는 광합성 생물이다. 그러나 낯선 극한 환경에 살거나 뻔히 보이는 곳에 숨어서 광합성하는 작은 생명체들이 훨씬 더 많다.

이 낯선 생명체들을 알아내기 위해 캘리포니아 러버스 포인트에 있는 홉킨스 해양기지(Hopkins Marine Station)에서는 다양한 연구가 이루어지고 있었다. 미국의 철도 거물인 메리와 마크 홉킨스(Mary and Mark Hopkins) 부부가 설립한 이 연구센터는 한때 사람들이 모피를 얻겠다며 수달을 대량으로 살상했던 장소이자 바다달팽이를 비롯해 여러 생명체가 풍부한 바다 근처에 지어졌다. 러버스 포인트(Lover's Point)라는 명칭은 오징어를 꾀어내기 위해 고안된 조명을 켜고 밤에 작업하던 중국인 어부들이 밤에 산책 나와 사랑을 속삭이는 연인들을 위해 빛을 은은하게 비추어주었던 것을 계기로 얻게 되었다.

스위스 에멘탈 치즈 내부에 구멍을 만드는 세균을 따로 분리해내려 노력했던 네덜란드 과학자 반 니엘(Cornelis Bernardus van Niel)[12]이 1930년대에 이 해양기지에 합류하였다. 제1차 세계대전으로 정신적 외상을 입은 그는 러버스 포인트를 '미적 기쁨을 주는 세균'을 배양할 조용한 도피처로 여겼고, 이곳에서 세균이 육상 식물과는 달리 광합성을 하기 위해 이산화탄소와 물을 사용하지 않는다는 사실을 발견하였다.

두 가지 특정 유형의 세균인 자색황세균(purple sulfur bacteria)과 녹색황세균(green sulfur bacteria)을 이용한 연구에서, 반 니엘은 세균이 무엇을 먹는지 꼼꼼히 살펴보고 배설물의 양을 측정한 뒤 진흙에 사는 두 세균이 모두 황화수소(H_2S, 썩은 달걀 냄새를 풍기는 화학 물질)를 이용해 광합성을 해서 가끔 늪지대에서 고약한 냄새가 난다는 사실을 발견하였다. 그는 산소가 없어도 이산화탄소와 햇빛만 충분하면 자라는 세균도 발견하였다. 이런 광합성 유형은 물을 환원제로 쓰지 않고 수소나 유기 화합물처럼 전혀 다른 영양원을 사용해 발생할 수 있다고 결론 내렸다.

이렇게 하여 반 니엘은 광합성이 기존에 알려진 사실과는 전혀 다른 환경에서도 발생하며 그곳의 세균은 다른 생물들의 먹이가 된다고 보았다. 최근 해양학자들은 전 세계에 걸쳐 매우 풍부하게 존재하며 육상 식물과는 전혀 다른 방법으로 광합성을 하는 생명체를 찾아냈다. 이 생명체들은 줄곧 바다에서 살고 있었지만 단지 우리가 찾지 못했을 뿐이다.

이 시기에 또 다른 과학적 이론도 제시되었다. 과학자들은 광합성에 의한 생물량, 즉 동식물에서 유래한 유기 물질이 우리가 연료로 사용하는 석탄, 가스, 석유와 배설물의 근원이라는 것을 밝혀냈다. 이런 생물량은 건축 재료인 목재나 시멘트의 원료로 이용되고 있다. 또 우리가 섭취하는 생선, 가금류와 가축의 먹이로도 이용된다. 광합성이 형체가 명확하지 않은 공기, 햇빛, 물과 땅에서 숲, 식량과 같은 눈에 보이는 물질과 이에 따른 부를 만들어낸다는 발상은 예나 지금이나 매우 혁신적이다. 마치 광합성 생물들이 진짜 연금술사여서 기본 요소들로 삶과 부를 만들어낸 것과 같았다. 이 세상에 한계란 과거에도 지금도 없다.

판 헬몬트가 처음 나무의 무게를 잰 이후로 400년 동안 아주 심오한 변화가 있었다. 과학자들도 행동에 사회적 제약이 따른다는 점에서 영락없는 사회의 구성원이다. 남들처럼 정치적이고 감정적인 맥락에서 일하기도 한다. 장비의 성능이 따라주지 않아 연구에 지장이 생기기도 한다. 헤일스가 직접 제작한 재호흡기(rebreather)에 입을 대고 숨을 헐떡이는 모습을 상상해보라. 순전히 운이 좋은 과학자들도 있다. 잉엔하우스가 우연히 유리병 속 물에 잠긴 잎에 햇빛을 닿게 했을 때 그는 빛으로 발생하는 기체를 찾고 있었던 것이 아니었다. 이들 과학자 중 다수는 요즘으로 치면 연구팀에 고용되지도 않았을 사람들이었다.

그게 뭐 어떤가. 과학자들은 공동으로 연구하고, 반복적으로 확인하고, 논하면서 의견을 분석한다. 서로 경쟁하는 사이든 정치적 혹은 사회적 규범에 제약을 받든 상관없이 재현할 수 있는 결과를 기록으로 남기고 과학적 증거에 동의한다. 미신을 극복하고 때로 박해를 받으면서 격변의 시기를 거치면서도 연구를 계속한다. 누군가는 뛰어난 이론가이고, 또 누군가는 탁월한 관찰자이거나 우수한 실험주의자이다. 그렇지만 누구도 혼자 고립되어 연구하지 않는다. 서로 실수를 지적하고 티격태격하거나 아주 사소한 문제를 두고 말다툼하면서 자신들보다, 자신들이 연구하는 분야보다, 자신이 몸담은 학회보다 훨씬 큰 무언가를 만들어낸다. 사회 통념에 반하더라도 세상이 돌아가는 진짜 원리를 이해하게 해준다. 이들이 없었다면 우리는 여전히 전염병을 치료하기 위해 피를 뽑거나 정신 질환 치료에 전두엽 절제술을 시행했을 것이다. 이처럼 멈출 수 없는 호기심으로 똘똘 뭉친 전문가들이 없었다면 우리는 여전히 치료법이랍시고 개나 당나귀 또는 파리의 배설물을 뒤집어쓰고 있을 것이다.

모든 세대는 후손을 위해 더 나은 건강한 세상을 만들길 원하고, 호기심은 거대한 난관에 맞닥뜨려도 우리가 새로운 바람을 만들고 새롭고 더 나은 길을 찾게 해준다. 이는 지금까지도 어김없는 사실이고 여전히 가능하다.

CHAPTER 2

태양에서 비롯된 지구의 변화

시초

지구는 약 45억 4,000만 년 전 우주에서 빙빙 돌고 있는 한 소용돌이에서 떨어져 나온 파편 조각에서 탄생하였고, 그 소용돌이는 훗날 우리의 태양이 되었다. 이 녹은 불덩이 속에서 금속성 암석, 먼지, 물과 같은 물질 찌꺼기들이 엄청나게 커다란 힘으로 맞부딪치며 한꺼번에 녹아 지구를 만들어낸 것이다. 맨 처음 대기는 증기가 과열된 상태로 암석에서 금속을 만들어낼 정도로 뜨거웠다. 상대적으로 무거운 금속은 가라앉아 자성을 띤 지구의 핵을 이루었고, 가벼운 무기질은 표면으로 솟아올랐다. 화학 물질로 구성된 이 마녀의 혼합물은 이후 식을 대로 식어 산성의 대기를 응결시키며 암석을 깎아낼 정도로 부식성이 강한 비를 내리게 하였고, 이는 최초로 바다가 형성될 때까지 수억 년간 이어졌다.

냉각 현상이 좋은 소식은 아니었다. 초기 태양은 비교적 크기도 작고 빛을 많이 내뿜지도 않아서 우리가 오늘날 보는 빛의 70% 정도밖에 만들어내지 않았다.[13] 지금으로 치면 지구가 언다는 의미이다. 다행히 초기에는 대기 중에 이산화탄소 외에도 대기를 따뜻하게 하는 메탄이 100만 개의 분자 중 100개 정도 있었다. 이는 현재 대기 중에 있는 메탄의 50배가 넘는 농도이다. 한편 대기 중에 있던 황과 탄소가 화학적으로 결합하며 카르보닐 황화물(carbonyl sulphide)이라는 새 화합물을 만들었고, 이 역시 얼마 안 되는 햇빛을 가두어 어린 지구는 온난하게 유지되었고 바다는 열을 흡수하는 기체인 이산화탄소, 메탄과 카르보닐 황화물의 장막에 덮여 액체 상태를 유지하였다. 유독한 가스에 싸이며 산성의 습기를 머금은 그을린 세상은 황량할 뿐 아니라 오늘날 생명체라고 알려진 존재에게는 살 수 없는 곳이었다. 바다에는 물을 뿌연 갈색으로 얼룩지게 만드는 철 화합물이 잔뜩 녹아 있었다. 이 철 화합물은 물을 투과하는 빛을 차단하였다.

그런데 이렇게 숨 막히고 부식성이 강한 세상에 생명의 전제 조건이 하나둘 모이기 시작하였다. 외계에서 아미노산과 탄소를 가지고 온 운석이 지구와 충돌하면서 초기 바다의 화학적 수프를 휘저어놓았다. 대기 중에 있던 따뜻한 카르보닐 황화물이 응결되며 펩티드(peptide)와 아미노산(amino acid)을 형성했을 가능성도 있다.[14] 이것이 혼돈 속에서도 지구에 최초의 생명이 융합될 수 있었던 필수 구성 요소이자 근본 영양분이었다. 이 거칠고 혹독한 환경에서 정확히 언제, 어디서, 어떻게 생명이 탄생했는지 결코 알아내지 못할 수도 있다. 아마 얕은 연안 지역이나 심해의 뜨거운 분출구, 아니면 눈의 결정이나 흙속 어딘가에 단순한 유기 분자들이 번식을 위해 모일 만한 조건을 갖춘 안정적인 공간이 있었을 것이다.

어떤 식으로든 유기 분자들은 스스로 조립하고, 에너지를 흡수하는 복잡한 구조를 만들어내며 자신을 똑같이 복제하기 시작하였다. 그러다가 대략 42억 8,000만 년 전쯤 생명이 탄생하였다.[15,16] 유전적 증거에 기반하면 오늘날까지 생명체와 인간에게 존재하는 유전자 355개를 가진 모든 생물의 마지막 공통 조상은 38억 년 이전에 등장하였다.[17] 미스터리에 싸인 이 생명체는 여러 특성 중 인간의 혈액 속에는 에너지를 운반하는 단백질을, 인간의 눈에는 빛을 감지하는 색소를 물려주었다. 우리 인간은 '생물 계통수'의 가장 깊은 뿌리에 있는 지구 최초의 생명체와 같은 유전자를 가지고 있다.

최초의 마법 같은 생명 생성 이벤트가 있고 얼마 안 되어 광합성 과정이 시작되었다. 이 과정은 우리가 오늘날 고세균류(archaea)라고 부르는 미생물 속에서 발견한 광합성 절차와 비슷할 것으로 보고 있다. 고세균에는 우리 눈에 있는 것과 같은 색소가 있는데, 이 색소는 빛을 흡수하면 화학적 구조가

변한다. 그 빛으로 에너지를 생성하며 색소가 단백질을 비틀면 산성기(acid)가 세포막 한쪽에서 다른 쪽으로 이동한다. 어떤 초기 생명체는 에너지가 필요하면 세포막의 구멍을 열어 그로 인해 발생한 산성 변화에서 균형을 맞추어가며 세포 조직에 동력을 공급하는 흐름을 만들어냈다. 우리 눈에 있는 빛 감지기도 이 같은 방식으로 작동하지만, 색소 기관이 빛에 의해 비틀리면 에너지를 저장하는 대신 뇌로 신호를 보낸다.

중요한 점은 고세균류에게 메탄(CH_4)을 생성하는 능력이 생겼다는 것으로, 이는 고세균류가 아미노산처럼 자연적으로 발생한 복잡한 유기물을 분해하고 있었다는 뜻이다. 아미노산은 카르보닐 황화물 같은 대기 가스가 결합하거나 혹은 운석을 통해 운반되어 초기 지구에 쌓였고, 고세균류는 그 아미노산을 더 단순한 탄소 형태로 '소화'한 다음 대기를 따뜻하게 하는 메탄을 배출하였다.

광합성이 생명의 탄생 초기에 시작되었다 해도 말이 되는 이유는 세포를 결합하는 데는 에너지가 필요하였고, 당시에는 섭취할 먹이가 거의 없었기 때문이다. 즉 먹이사슬은 존재하지 않았다. 세포가 이곳저곳을 누빌 수 없었기에 서로 잡아먹는 상황은 먼 훗날에나 가능하였다. 생명체가 할 수 있는 최선의 방법은 초기 지구의 어두운 산성 구름 사이로 흘러들어오는 흐릿한 태양 에너지, 즉 햇빛이라도 거두어들이는 것이었다. 지구 역사의 초기 단계에서는 광합성의 몇 가지 유형이 공존하였다. 황, 철과 산은 자연적으로 발생하여 그 양이 풍부하였고 세균성 생명체는 오늘날 산소를 들이쉬는 육상 거주자인 우리에게 낯선 온갖 다양한 화학작용을 일으켰다. 그중에는 지난 장에서 반 니엘이 연구했던 녹색황세균과 자색황세균을 비롯해 여러 세균이 있다. 예를 들어 녹색황세균은 당시 무기질이 풍부하고 강한 산성을 띠며 어두웠던 바다에서 잘 자랐다. 이들은 지금도 흑해의 깊숙한 곳에서 찾아볼 수 있는데, 이곳은 유기 생물량이 부패하고 산소가 부족해 선사시대의 우중충한 환경을 재현하고 있다. 녹색황세균은 가열된 물이 뜨겁게 분출되는 깊은 바다의 해저에 있는 '블랙 스모커(black smoker)'에서도 살 수 있어서 심해 화산 근처에서도 쉽게 번식하였다.

그린란드의 구조물에서 발견된 또 다른 생물은 37억 년 전에 살았을 것으로 추정되는데, 이 책에서 가장 결정적인 존재이다. 이들은 우리가 현재 스트로마톨라이트(stromatolite)라고 부르는 생명체와 유사하다. 나무의 나이테와 비슷하게 퇴적물을 형성하는 이 생물은 화석화된 미생물 매트가 겹겹이 층을 이룬 형태로, 성장기인 여름에 한 겹이 만들어지면 겨울 동안 진흙으로 된 퇴적물 층이 그 위를 덮으며 번갈아 쌓여 만들어졌다. 이러한 층을 만든 미생물은 남세균(cyanobacteria, 시안세균 또는 남조류)이라고 불린다. 이는 반드시 기억해두어야 할 명칭이다. 영어 명칭인 '사이안(cyan)'은 프린터 카트리지에서 흔히 볼 수 있는 파란색으로 녹색을 살짝 띠고 있어서 이 생명체들은 '남조류(blue-green algae)'로도 더 잘 알려졌다. 에너지원으로 햇빛과 유기 분자가 필요한 고세균류와는 달리 남세균은 햇빛을 이용해 물을 분해하여 산소를 만드는 획기적 능력을 발달시켰다. 지구에는 물이 항상 많았고, 운석이나 화산작용에 따른 화학 반응으로 얻는 복잡한 유기 분자보다 찾기도 훨씬 쉬웠다. 남세균은 영양원이 거의 없는 곳에서도 왕성하게 자랄 수 있었고, 물도 주위에 얼마든지 있었기 때문에 물 분해(햇빛 에너지를 사용하여 물을 산소와 수소로 분리하는 과정-옮긴이) 능력으로 압도적인 경쟁 우위를 차지할 수 있었다.

대산소 발생 사건

광합성을 하는 남세균은 물을 분해하면서 만들어내는 고유한 노폐물(즉 산소) 덕분에 세상에 등장한 이후로 10억 년 동안 행성을 바꾸는 데 엄청난 영향력을 행사하게 되었다. 이 미생물의 개체 수가 증가하며 세균성 광합성이 늘어났고, 바닷물에 녹아 있는 이산화탄소는 물론 대기 중 이산화탄소까지 소비하여 지금의 알칼리성 푸른 바다를 만들며 세상을 서서히 바꾸어나갔다. 이들이 만들어내는 노폐물이 바로 산소인데, 지금은 산소가 지구에 사는 생명체의 필수 요소지만 당시 지구 초창기 때부터 존재하던 다른 광합성 생명체에는 치명적인 독성 물질이었다.

남세균은 모양을 서서히 잡아가던 대륙의 가장자리를 따라 자신들이 식민지로 삼은 반구형 진흙층에 모여들었다. 이들이 점점 해안 지대를 점령해나갔고 산소를 더 많이 방출하면서 바다는 조금씩 맑아졌고 갈수록 투명해졌다. 이제 바다 곳곳에는 빛이 더 깊이 뚫고 들어가면서 더 많은 생명체가 깊은 곳에서도 자랄 수 있었고 살아 있는 총 생물량이 증가하였다.

젊은 바다가 갈색 용존 철로 채워져 있었다는 사실을 떠올려보자. 용존 철은 산소와 결합하면 용해되지 않는 침전 화합물을 형성한다. 지질학적 연구에서 남세균이 광합성을 하면서 방출하는 산소가 바다에 녹아 있는 철을 산화시켜 결정체로 만들었고[18] 철 결정체가 침전하였다는 사실이 확인되었다. 즉 28억 년 전쯤 매우 거대한 철 퇴적물의 띠(철광석)가 처음 만들어지기 시작하면서 햇빛이 바다 속으로 더 깊이 침투하며 대규모 광합성 활동이 일어났고, 그 결과 산소가 점점 더 많이 배출되고 있었다는 것이 밝혀졌다.

바다에 있는 많은 양의 용존 철이 산소 폐기물을 흡수하는 거대한 화학적 완충재로 작용하였다. 그러나 바다에서 용존 철이 침전하여 없어지자 산소 폐기물은 대기에 축적되기 시작하였고, 당시의 생물체에게 독성 물질로 작용하면서 지구상의 생명체를 거의 전멸시켰다. 이렇게 24억 년 전 대기 중 산소 축적은 '대산소 발생 사건(The Great Oxygenation Event)'이라는 이름을 얻게 되었다. 약 4억 년 동안 대기의 1~2.5%가 산소로 채워졌다. 이 정도 수치는 오늘날 우리가 들이마시는 산소 20%에 비하면 낮은 농도지만 당시 생존을 위해 싸우던 초기 생명체에게 이는 상당한 양이었고 또한 오염원, 즉 독성 물질이었다.

산소가 독성 물질이라는 말이 황당하게 들릴지도 모르겠다. 그렇지만 산소는 세포나 철처럼 예민한 물질을 산화시키는, 즉 '녹'이 슬게 하는 고반응성 분자이기도 하다(우리가 늙어가는 것도 바로 이 산소의 독성 때문이다-옮긴이). 우리가 항산화 식품에 주목하는 이유는 산소가 세포에 유해하기 때문인데, 이러한 활성 산소 손상에 대항하여 효소 및 화학적 안전 장치도 함께 진화해왔다. 다만 이러한 보호 장치 때문에 세포는 에너지를 많이 소비한다. 예를 들어 광합성 세포 안에서 산소를 제거하는 생화학 과정을 통해 유독성 암모늄 이온(NH_4^+)이 만들어지는데, 이 물질을 독성이 없는 상태로 변화시켜야 한다. 이런 산소 관리 활동으로 세포의 전체 에너지 효율은 낮아진다.

즉 생명체에게 치명적으로 유해한 산소는 광합성 과정에서 발생한다. 광합성 생물은 이 산소를 제거하기 위하여 기껏 만들어놓은 유기물을 다시 이산화탄소로 산화시킨다. 이때 광합성 속도는 느려지는데, 이 과정을 광호흡(photorespiration)이라고 한다. 광호흡은 탄소 동화 과정에서 발생한 산소를 이산화탄소로 변화시킨다(이 이산화탄소는 암모늄 이온과 결합하여 독성이 없는 글리신(glycine)을 만들어낸다-옮긴이). 고세균류는 산소가 전혀 없는 곳에서 살아왔기 때문에 산소가 있는 상태에서는 적응하지 못하였다.

그렇게 광합성의 두 유형 사이에서 엄청난 줄다리기가 시작되었다. 한쪽은 고세균류로, 이들은 산소가 없던 이전까지의 세상에 잘 적응하였다. 다른 한쪽은 남세균류로, 이들은 광합성을 하며 산소를 대기 중으로 방출하면서 점차 세상을 바꾸고 있었다.

지구 대기 중의 산소 농도가 높아지면서 고세균류는 산소의 독성 때문에 메탄을 생성하기가 어렵게 되었다. 메탄은 지구를 따뜻하게 하는 물질이다. 그와 동시에 남세균류는 개체수가 증가하면서 더 많은 이산화탄소를 소비하며 스트로마톨라이트 상태의 미생물 덩어리 형태로 엉겨 붙었는데, 이는 다른 말로 하면 이산화탄소가 대기에서 제거되고 있다는 뜻이다. 대기를 따뜻하게 하는 주요 가스인 이산화탄소와 메탄이 둘 다 감소하면서 대기는 이전만큼 열을 가두지 못하는 상태가 되었다. 또 산소는 대기 상층부에서 매우 민감하게 반응하기 때문에 그곳에서 수증기와 결합해 메탄을 분해한다.[19] 이 시기는 전반적으로 화산 활동도 잠잠하던 때라 대기 중 메탄의 양은 더 줄어들었다.

약 24억 년 전부터 21억 년 전 사이의 휴로니안 빙하기(Huronian Glaciation)에 두 가지 주요 온실가스가 감소한 것은 지구가 식어가고 있다는 뜻이었다. 하나 남은 지구온난화 가스이자 어린 지구 위로 따뜻한 담요를 씌워주던 카르보닐 황화물 역시 황을 처리하는 세균이 등장하면서 농도가 낮아졌다. 그 결과 지구 전체가 꽁꽁 얼어붙었고, 남극과 적도가 같은 온도가 되었다. 이후 3억 년 동안 지구는 빙하로 뒤덮였고, 약하게 들어온 햇빛마저 흰 눈이 반사하면서 이 빙하기는 악순환이 계속되었다. 행성에 남겨진 생명체는 얼음 아래 갇힌 여러 작은 물웅덩이에 모여들었는데, 아마 심해 분화구 근처에 또는 대륙 빙하 속에 포자(spore) 상태로 남아 있었을 것이다.

빛을 생명으로 바꾸는 과정인 광합성의 엄청난 아이러니는 복잡한 생명체가 진화를 시작하기도 전에 지구에 사는 초기 생명체를 거의 전멸시켰다는 것이다.

다시 일어서는 행성

지구가 다시 더워지는 이유 중 하나는 대기 중의 이산화탄소 농도가 서서히 높아졌기 때문이다. 이산화탄소의 농도는 화산 활동과 이전의 생물량이 붕괴하면서 높아졌다. 화산재가 얼음 표면을 검게 만들며 태양열을 잘 흡수하게 만들어 눈과 얼음이 빠르게 녹았다. 대륙의 거대한 땅덩어리들이 극지방으로 이동하며 바다를 열어 빛을 흡수하기가 수월해지자 빛을 반사하던 눈의 양이 줄었다는 증거도 있다.

광합성을 하면서 지구상에서 생명체를 거의 멸망에 이르게 하였던 남세균은 눈 속에 사는 새로운 광합성 조류로 세상에 적응하며 지구를 살려내었다.[20] 눈과 얼음 위에서 자라는 빙설조류(snow algae)는 더 많은 햇빛을 흡수하여 눈과 얼음을 녹게 만들었다. 지금도 빙설조류가 극지방, 만년설 지역을 군데군데 신비로운 담홍색으로 물들인 것을 볼 수 있다. 이들은 오늘날 그린란드와 남극 대륙의 해빙을 가속화하고 있다.

지구가 꽁꽁 얼면서 또 다른 결과도 가져왔다. 대륙 빙하가 땅을 후벼 파면서 이동하였고, 그 결과 대륙이 부서지고 기울어졌다. 산맥과 거대한 퇴적 분지가 모양을 갖추어가며 곳곳에 생물학적 활동을 위한 호수와 내해 등 다양한 환경이 생겨났다.

이러한 새로운 지형과 바다에서 세포 내부가 여러 구획으로 나뉜 복잡한 생명체가 최초로 탄생하였다. 이 생명체는 자신의 몸 안으로 세균 세포를 받아들였고, 그 결과 다른 세포와 세포막이 하나의 생명체로 통합되면서 전혀 새로운 생명체로 재탄생하였다. 그렇게 15억 6,000만 년 전, 오늘날의 해조류를 연상시키는 모양을 한 다세포 구조를 가진 최초의 생명체가 등장하고 또 화석이 되었다.[21]

대륙 빙하가 후퇴하면서 현재 대서양이라고 알려진 공간 대부분을 채웠던 초대륙 로디니아(Rodinia)는 갈라지고 서로 멀어지면서 지금의 대륙들을 형성하였고, 그로 인해 생긴 새로운 기후 때문에 더욱 다양한 자연환경이 만들어졌다. 이 기간에 유성 생식이 시작되었고 생물 다양성이 풍부한 상태로 진화가 시작되었다.

그러나 7억 2,000만 년 전부터 6억 3,500만 년 전 사이에, 이 신생 해조류가 대기 중의 이산화탄소를 한 번 더 고갈시키며 다시 긴 빙하기를 촉발하였고 지구는 또 한 번 얼음으로 뒤덮였다. 광합성을 하는 생명체든 안 하는 생명체든 다시 한 번 피난처를 찾거나, 생태 조건을 고수하거나, 적응해서 살아남았다. 약 6억 3,500만 년 전부터 5억 4,100만 년 전 사이 얼음이 녹으면서 유전적으로는 기존의 생물체와 같지만 형태는 새롭고 훨씬 복잡한 생명체가 등장하였다.

최초의 동물은 오늘날 바다 구스베리(sea gooseberry)로도 알려진 빗해파리(comb jelly)와 매우 유사하리라 추정되는데, 작은 풍선처럼 생긴 이 생명체는 단순한 구조의 입으로 미생물들을 먹어치웠다. 이들과 함께 녹조에서 유래한 또 다른 낯선 생명체가 서서히 바다에서 나와 육지에 정착하며 최초의 육상 식물로 진화하였다. 지구가 탄생하고 나서 초기 40억 년 동안 육지에는 거의 생명체가 존재하지 않았다(그 이유는 태양으로부터 오는 해로운 자외선 때문이었다. 산소가 만들어지면서 대기권에는 오존층이 형성되었고 결과적으로 자외선이 차단되었다-옮긴이).
이제 해조류가 물에서 나와 해안에 대량 서식하기 시작하였다. 조류는 균류와 공생 관계를 시작하면서 육지에서 살 수 있는 아주 단순한 형태의 이끼나 지의류가 되었다.[22] 오늘날에도 이 초기 개척자들 중 일부는 여전히 남극 지역의 드라이 밸리(dry valleys)에 살고 있다. 그들은 새로운 공간을 개척한 것뿐 아니라 질소를 '고정'하는 능력도 발달시켰는데, 질소 고정은 대기에 있는 많은 양의 질소가 단백질과 세포 성분으로 전환되는 과정이다. 단순한 이끼는 증식하면서 유기산을 배출하기 시작하며 암석의 풍화를 촉진하였다. 지각이 움직이며 다른 곳으로 이동할 때 이 새로운 생명체들은 새로이 만들어진 틈이란 틈에는 모두 서식하였다. 심지어 화강암처럼 단단한 재질에도 이 생물들이 빠르게 침입하였고, 이들은 육지에 있는 어마어마한 양의 암석들을 무기질과 영양분으로 분해하였다.

이 무기질은 그 후 바다로 씻겨 내려갔고 이윽고 엄청난 규모의 조류 대증식을 초래하며 대기 중 이산화탄소를 급격히 감소시켜 5억 4,500만 년 전 역사상 세 번째 빙하기를 초래하였다. 또다시 광합성은 깜짝 놀랄 만큼 큰 성공을 거두며 지구를 냉동고로 만들어버렸다.[23] 그리고 이번에는 새롭게 등장한 복잡한 생명체를 포함하여 생명의 진화 과정에서 가장 획기적이라 부를 만한 생명체들마저 대부분 멸종 위기에 내몰렸다. 처음으로 '생물 계통수' 중에서 커다란 가지들이 사라졌다.

그런데도 새로운 광합성 방법을 가진 생명체들은 살아남아 얼었던 지구를 다시 녹였다. 심지어 새로운 기술을 익혀 이전에는 생명체가 살지 않았던 땅에서 남은 공간, 즉 지구 표면의 또 다른 30%에서도 서식하게 되었다.

나는 그 어떤 것도 수억 년을 지속하는 빙하기에서 살아남기 힘들 것으로 생각하였다. 그 생각은 내가 빙하 아래를 연구하며 남극에서 겨울과 봄을 두 번 지내면서 바뀌었다. 지난 1990년대 초 대학원생이었던 나는 오존 구멍이 생기기 전에 남극에 가서 자외선 기준치를 측정하는 일을 하였다. 생명을 위협하는 꽁꽁 언 얼음, 마치 사막처럼 보였던 곳이 알고 보니 지표면 아래에 비옥한 생태계를 갖추고 있음이 밝혀졌다. 바다에서 광합성을 하는 생명체는 계절에 따라 얼고 녹는 얼음 가장자리뿐 아니라 수년에 걸쳐 작은 얼음이 뭉쳐 커진 남극과 북극의 만년빙에서도 잘 자라고 있었다. 이곳이 특히 생산적 환경인 이유는 생명체들이 얼음 표면의 밑면에 들러붙어 있어 얼음을 통과한 빛을 대부분 이용할 수 있고, 어두운 심해로 가라앉지 않기 때문이다. 게다가 얼음 표면의 밑면은 비교적 일정한 상태를 유지하기 쉽고, 영양분이 풍부한 바닷물을 계속 공급받을 수도 있다. 이처럼 풍부하게 차려진 조류를 먹기 위해 갑각류, 연체동물, 셀 수 없이 많은 물고기뿐 아니라 고래, 펭귄, 대규모 크릴 떼, 바다표범, 바닷새와 바다코끼리 등도 이곳으로 이주해왔다. 남극에 있는 동안 나는 고세균류도 조사하였다. 당시에는 고세균류가 김이 펄펄 나는 미국 옐로스톤 국립공원의 간헐천 같은 유황 온천이나 염도가 높은 호수에서 발견되었기 때문에 '극한 생물(extremophile)'이라고 하였다. 남극을 연구하면서 고세균류가 얼음 밑에서도 수심에 상관없이 지천으로 널려 행복하게 살고 있다는 사실을 확인할 수 있었다.

광합성을 하는 남세균이 산소를 대기 중으로 방출한 결과 지구는 주기적으로 빙하기를 겪었다. 산소가 없는 세상은 높은 대사 에너지를 필요로 하는 커다란 정온 동물은 살지 못하지만 당시 지구 생명체는 느리지만 전과 다름없이 생물학적 기능을 완벽하게 수행하였다. 다행스럽게도 산소는 몇 가지 주요한 이점이 있다. 산소가 있으면 균류, 세균과 동식물이 훨씬 효율적인 속도로 유기물을 에너지로 전환할 수 있다. 미생물이 포도당을 알코올처럼 더 단순한 화합물로 분해하는 과정인 발효는 산소를 이용하는 과정에 버금가는 신진대사 전략이다. 발효 과정에서는 하나의 포도당 분자에서 에너지 운반 분자(즉 ATP) 2개를 만든다. 비교하자면, 산소를 이용한 신진대사는 이보다 효율이 19배 더 좋아서 같은 포도당을 분해하면 세포 에너지를 운반하는 분자(ATP)를 38개 생산한다. 대기 중 산소가 주는 전반적 혜택이 산소를 해독하는 데 드는 에너지보다 크기 때문에 여러 생태계가 곳곳에서 생겨났다. 그 결과 더 많은 생명체가 더 많은 암석을 갈아 부수었고, 더 많은 생명체가 이용할 수 있도록 영양분을 더 많이 만들어내면서 생물량을 더 많이 만들어내고, 결과적으로 지구 전체의 생물들이 훨씬 더 다양해질 수 있게 되었다.

생명에게 필요한 그 외 영양분

지구상에 존재하는 동식물과 미생물 전체를 먹이려면 지구 생태계에 동력을 제공하는 천연 비료인 광물 자원이 엄청나게 필요하다. 한때 사람들이 믿었던 것과 달리 식물은 흙을 먹지 않는다. 그러나 성장하려면 실제로 흙이 어느 정도 필요하다. 그리고 중요한 것은 식물이 흙을 옮기기도 해야 한다는 것이다.

지표면은 바람, 얼음, 비, 파도와 중력에 의하여 침식되면서 서서히 마모된다. 물이 돌에 침투해서 얼면 거대한 바위도 부술 수 있다. 비는 이산화탄소를 흡수해 약하게 산성을 띠며 결국에는 많은 광물질을 녹여낸다. 서리, 열변형력, 바람이나 파도 같은 물리력도 장기간에 걸쳐 단단한 지표면을 깨부순다. 생물학적 풍화는 이 과정을 극적으로 촉진한다. 뿌리는 물리적으로 바위를 깬다. 바로 이용하기 힘든 광물질을 용해하는 유기산을 분비하기도 한다. 광합성으로 만들어진 산소는 광물질을 분해하여 녹기 쉽게 만든다. 이 모든 물질들은 강을 통해 바다로 옮겨지고, 바다에서는 운반된 토사가 침전되어 대륙 가장자리에 거대한 삼각주를 만든다.

이렇게 다양한 형태로 이루어지는 풍화작용을 전체 누적 비율로 추정해보면 지구의 모든 육지 표면에서 1년에 0.01~0.5 mm에 이른다. 석회석이나 화강암과 같은 규산염 광물로 치면 이는 해마다 강을 통해 바다로 내려보내지는 용해된 암석 약 37억 톤에 해당한다. 이제 토사, 먼지, 그 외 많은 광물질 흐름을 더하면 대략 지구 육지 표면의 2 mm가 매년 바다로 씻겨 들어간다. 그리 많게 느껴지지는 않겠지만 10년마다 지표면의 약 2 cm가 계속 씻겨나갔다는 것을 의미한다. 바로 이런 흙의 이동으로 세상에 있는 모든 생태계는 생존에 필요한 광물질을 얻게 되는 셈이다.

광물질 흐름에 가장 크게 이바지한 곳은 히말라야 산맥과 안데스 산맥이다. 거대하고 가파른 산맥은 기온 변화가 크고, 중력의 영향으로 물질이 먼 곳까지 이동할 수 있어서 더 빠르게 침식된다. 히말라야와 안데스 산맥의 형성 과정은 5,000만 년 전에 시작되었으며 남극 빙하의 형성과 직접적 관련이 있다. 두 산맥의 깊은 경사를 씻으며 내려온 많은 광물질은 지구의 다양한 생태계로 흘러 들어갔다. 생태계는 직접 탄소를 흡수하기도 하지만 더 많은 광합성 생물이 자라도록 영양분도 제공해서 결과적으로 광합성 생물들이 대기 중의 이산화탄소를 훨씬 많이 흡수하게 되었다. 이산화탄소가 줄어들면서 남반구가 냉각되고 남극 대륙 빙하가 형성되었으며, 이는 지금까지 3,500만 년 동안이나 지속되었다.

일부 지질학자들은 환경을 개선하는 방법으로 대륙 하나 분량의 석회석 분말을 바다에 침전시키기를 주장하기도 한다. 이는 칼슘과 마그네슘을 더 많이 만들어 바다에 넣는다면 대기에 과도하게 높아진 이산화탄소를 바다로 침전시킬 수 있다는 발상이다. 이 개념을 '강화된 풍화(enhanced weathering)' 혹은 '해양 알칼리성 강화(ocean alkalinity enhancement)'라고 부른다.

나는 광물질을 바다에 쏟아붓기 위해 예를 들어 호주 남부와 같이 거대한 면적의 유용한 땅을 갈아 부수는 일에 동의하지 않는다. 육상 식물들이 풍화작용을 하게 하는 편이 더 낫다고 본다. 식물을 한 번도 경작한 적이 없는 땅, 즉 새롭게 형성된 화산암에서부터 대도시 고층 건물의 매끄러운 면에 이르기까지 어디에서나 자랄 수 있게 만든다면, 식물이 이산화탄소를 흡수하는 것은 기본이고 돌을 갈아 부수기도 하면서 비가 내릴 때 바다로 광물질을 돌려보내며 물질 순환을 더 크게 만들어낼 수 있기 때문이다.

이 선순환에서 균형을 유지하는 것은 매우 어렵다. 과도한 영양분이 강을 통해 바다로 씻겨 들어가면 때로 생태계를 교란하는 조류의 대증식, 즉 부영양화(eutrophication) 현상이 발생한다. 현재 아마존 강으로 흘러 들어간 농업용 비료가 어마어마한 규모로 서식하는 해조류인 다시마의 먹이가 되고 있으며, 이곳에서 떨어져 나온 다시마가 멀리 떨어진 카리브해 연안까지 떠내려오는 상황이다. 이 문제는 세심하게 관리해서 통제할 수 있다. 예를 들어 삼각주는 매우 비옥한 땅이다. 담수가 바닷물과 섞이면 용해된 광물질 대부분은 침전하며 아주 비옥한 땅을 새롭게 만들어낸다. 아마존 강, 나일 강과 그 외 다른 삼각주들은 매우 비옥하다. 토사가 섞인 강의 흐름을 잘 관리할 수 있다면 계획적으로 새로운 땅을 만들어 전 세계에 식량을 제공하고 대기에서 이산화탄소를 제거할 수 있다. 불모지가 생산성 있는 땅으로 전환되는 데 도움이 되는 또 다른 자연적 비결은 해조류를 활용하는 것이다. 자색황세균은 바다에서 유기 황 화합물을 분해할 때 마늘 냄새 같은 악취를 풍긴다. 이 냄새는 구름 속에서 수증기가 응결되도록 돕는 분자이다. 이러한 생명체가 바다에 냄새를 퍼트리는 일이 많아질수록 땅 위를 표류하는 구름이 많아지고 비가 더 많이 내려 식물이 잘 자라게 도우면 바다로 운반되는 토양에 더 많은 광물질이 포함된다.

순환하는 영양분 중 가장 핵심은 질소(N)이다. 질소는 단백질을 비롯해 여러 생물학적 분자의 핵심 요소이기 때문에 살아 있는 모든 생명체에 꼭 필요한 물질이다. 지구가 탄생한 이래로 질산염이 육지에서 바다로 떠내려가면 바다의 광합성 생물들이 이를 흡수하였다. 그렇게 조류에 근거지를 마련했던 질소는 먹이사슬을 타고 올라가 바닷새들의 배설물을 통해 다시 육지로 올라왔다. '구아노(guano)'라고도 불리는 새 배설물은 질소 순환의 마지막 고리이다. 해마다 강과 바다에 용해된 광물질의 형태로 순환하는 질소의 양은 대략 28억 톤이다. 근 몇 세기 동안 인간들은 바삐 움직이며 구아노와 엄청난 양의 에너지를 써서 만든 합성 비료를 사용하여 더 많은 농작물을 길러왔다. 인간 몸속에 있는 질소 절반이 이러한 새로운 인공자원에서 비롯된다고 추정된다.[24]

또 다른 필수 영양분은 인(P)으로, DNA 등 세포의 유전정보를 담은 분자를 구성하는 물질이다. 그러나 인산염 매장층은 흔치 않을뿐더러 아주 오래된 해양 침전물로 만들어진다. 세계적으로 규모가 큰 인산염 광산들은 모로코에 있는데, 상어 이빨 화석이 대량으로 발견되면서 이 광산들이 수백만 년 동안 해저였음이 확인되었다. 오늘날 지구 생태계를 통하여 이동하는 인산염 광물질은 연간 고작 2,000만 톤 정도에 불과하고, 그마저도 역사적으로 중요한 출처에서 한정된 양이 채굴되고 있다. 인산염이 부족하면 육상 식물이 성장에 큰 타격을 받는데, 인류에게 더 많은 식량이 필요한 세상에서 이는 매우 심각한 문제이다. 그런데도 우리는 하수와 농지 유출수를 통해 아무렇지 않게 인을 강과 바다로 흘려보내며 많은 양을 낭비하고 있다. 인산염은 영양분이 지나치게 많은 상태인 부영양화의 주원인이며 이는 원치 않은 조류 대증식으로 이어진다. 해결책은 하수 처리 기술을 이용하여 인산염이 떠내려가기 전에 포집함으로써 인산염이 필요 없는 곳에 이 중요한 영양분이 과잉되는 해로운 상황을 방지하고 필요한 곳에는 비료로 사용하는 것이다.

세 번째 중대 영양분은 철(Fe)이다. 카리브해의 한 무인도에서 지내는 내 친구는 모래 성분이 아주 많은 흙으로 더 나은 정원을 만드느라 여념이 없다. 그는 음식물 쓰레기로 테라 프레타(terra preta)라는 검은 흙을 만들어냈고, 덕분에 활기 넘치게 풍성히 자란 꽃들을 자랑스러워하였다. 그러나 정원이 그토록 푸르른 데에는 다른 이유가 있다. 그 흙에는 대서양 너머에 있는 아프리카 사하라에서 불어온 모래도 들어 있는데, 이 모래에는 철이 미량 들어 있다. 철이 부족하면 광합성 활동이 대체로 줄어들고 특히 바다에서 더 심해진다. 전 세계 사막에서 불어오는 모래 폭풍은 해양 생태계 성장에 필수인 철을 공급한다.

물론 오늘날 광합성을 하는 생명체에게 가장 필수적인 영양분은 탄소(C)이다. 육지에서 식물과 목재의 형태로 존재하는 생물량은 식량으로 섭취되거나 태워서 사용될 수 있다. 그런데 이보다 더 많은 생물량이 땅속에 묻혀 있다. 우리는 이러한 탄소 매장물을 보통 석탄, 석유, 천연가스 혹은 토탄으로 알고 있는데, 이런 자원은 영구동토대에서도 발견된다. 이처럼 비교적 안정적인 저장고에서 생명체의 잔재물이 서서히 쌓여가면 탄소를 대기에서 장기간 제거할 수 있다. 이는 생명 유지에 매우 중요하다. 실제로 생물체에 흡수되어 '고정'된 탄소의 총량은 놀랍게도 1년에 1,230억 톤이나 된다. 그야말로 거대한 순환이고, 해마다 지구에서 새롭게 성장하는 살아 있는 생명체 약 1조 톤이 광합성을 사용해 어마어마한 자원을 지구 육지면을 가로질러 바다로 옮기고 있다. 살아 있는 생명 활동 1조 톤은 말 그대로 산도 움직일 수 있다.

탄소 저장에 바다가 다시 한 번 주목받는 이유는 바닷물이 이산화탄소의 93%를 저장하기 때문이다. 바다에서 탄소는 세 가지 주된 형태로 존재한다. 바닷물에 녹아 있는 탄산가스, 탄산수 거품을 만드는 탄산수소 이온, 용해된 암석에서 나오며 바닷물을 짜게 만드는 용존 탄산염이다. 광합성을 하는 생명체는 생물량을 구성하며 바다에서 자라는 동안 자신의 세포와 조직 속에 탄소를 축적한다. 그 결과 바닷물에서 탄소가 격감하면 대기 중의 이산화탄소를 흡수할 수 있게 된다. 여기서 이 중요한 임무를 아주 잘 해내는 코콜리토포리드(coccolithophorid)와 규조(diatom)라는 단단한 껍데기를 지닌 두 조류를 소개한다. 이들은 탄소 순환에서 특히 중요한 역할을 한다. 코콜리토포리드의 세포는 작은 방패 같은 얇은 판이 여러 겹으로 포개어져 덮여 있다. 탄산칼슘으로 만들어진 얇은 판은 복잡하지만 아름다운 방어 세포벽을 형성한다. 이처럼 번식을 잘하고 칼슘을 흡수하는 조류로 이루어진 석회암 퇴적물 매장층이 전 세계 곳곳에 있는데, 그중에 유명한 것이 영국 도버의 화이트 클리프(White Cliffs)이다. 규조는 스스로 보호하기 위해 규산나트륨으로 된 유리 같은 껍데기가 있다. 규조는 무거워서 생활 주기 끝에 해저로 가라앉으며 침전물이 된다. 이런 침전물은 산호, 껍데기를 만드는 연체동물, 그리고 여러 다른 해양 생명체와 함께 석회석, 대리석, 그 외 여러 형태의 돌이 된다(다이너마이트의 원료인 규조토도 그중 하나이다-옮긴이).

생명체들은 주위 환경에서 흔히 접할 수 있는 영양분을 흡수하여 사용한다. 생명체들은 대부분 물을 기본으로 해서 다음에 나열하는 영양분이 혼합되어 구성된다. 탄소(C)는 모든 유기 화합물의 구성 물질이다. 질소(N)는 우리 몸속의 단백질, 근육과 유전 정보를 전달하는 생체 고분자에 빼놓을 수 없고, 인(P)은 우리 DNA와 세포 에너지 운반체에서 볼 수 있으며, 철(Fe)과 같은 요소들도 약간씩 필요하다. 당연한 이야기지만 여기저기에 편차가 존재한다. 나무는 자신의 몸통에 섬유소나 목질의 형태로 탄소를 과하게 저장한다. 우리와 같은 포유동물에게는 칼슘이 많이 포함된 무거운 뼈가 있다. 육상동물은 바다에서 유래했기 때문에 몸속에 칼슘을 지니고 있다. 심지어 인간의 혈액은 우리의 유전적 조상이 처음으로 육지에 발을 내디딜 당시의 바다 염도와 같다. 바다에는 레드필드 비

(Redfield Ratio)라고 알려진 유용한 원소 조성비가 있는데, 이를 발견한 미국 우즈홀 해양연구소(Woods Hole Oceanographic Institution)의 알프레드 레드필드(Alfred C. Redfield)의 이름에서 따왔다. 이 이론은 해양 생명체의 탄소, 질소와 인의 성분 조합이 자신이 사는 바닷물과 같다는 것이다. 해양 생명체는 물리적으로 바다에서 접할 수 있는 물질로 구성되어 있다. 즉 이 물질들은 광합성 생물이 지구에서 얻어 사용하고 다시 돌려보낸 것들이다. 본질을 들여다보면 '우리가 먹는 것이 우리를 만든다'는 오래된 속담은 틀린 말이 아니다.

CHAPTER 3

광합성 생물들

육상에서 거주하는 사람들은 광합성이 꽃, 채소, 이끼, 나무, 풀, 덤불과 잡초에서 일어나는 현상이라고 믿고 있다. 햇빛을 이용하는 이런 광합성 생물들은 엄청나게 다양한 생명체를 대표하며, 여기에 속하는 생명체에는 녹색 식물만 있는 것이 아니다. 빛을 생명으로 전환하는 마법 같은 과정은 가장 깊은 바다 밑바닥부터 가장 높은 산꼭대기까지 어디에서나 일어나고 있다.

모든 생물학적 시스템과 마찬가지로, 다양한 광합성 시스템이 만들어지면서 진화상 여러 우여곡절이 생기게 마련이다. 광합성 생명체들은 수시로 나타나 분열하여 다른 생물체가 되고 또다시 결합하여 왔다. 그 과정에서 수많은 합병, 적대적 매수, 예상 밖의 동업 관계가 형성되었다.

최근 수십 년간 매사추세츠공과대학교의 샐리 치솜(Sallie

Chisholm)이나 에드워드 드롱(Edward Delong) 같은 과학자들은 세균성 광합성이 산성을 띤 광석 부스러기와 알칼리성 호수, 민물과 바닷물, 온천과 남극의 얼음 절벽을 가리지 않고 엄청나게 다양한 형태로 지구상 거의 어디에나 존재한다는 사실을 발견해냈다. 광합성은 산소가 없어도 일어나고, 이산화탄소가 아닌 다른 종류의 탄소원에서도 활발히 진행된다. 실제로 오늘날 광합성 반응식은 '물 + 이산화탄소 → 당'이라는 단순한 등식이 아니다. 생명체는 햇빛 에너지를 화학 에너지로 전환하는 방식으로 살아간다. 여기에 더하여 아직 완전히 이해되지 않는 새로운 광합성 과정이 계속 발견되면서 광합성은 일반화하기가 더 어려워졌다. 그중 일부는 인공위성을 기반으로 한 지구적 관점을 통해 겨우 발견했을 뿐이고, 아직도 모르는 자연 생태계의 메커니즘도 수두룩하다.

이처럼 다양한 생명체 속에 숨은 무한한 기회를 잘 이용한다면, 즉 새로 발견한 생화학 과정을 활용하고 대체 생산수단을 개발하면 환경까지 개선할 수 있다. 지난 20세기에는 화학이 핵심이었다. 19세기에는 물리학이었다. 이번 21세기에는 정교한 생물학 과정이 모든 제조 및 생산업에 변화를 가져오며 우리 자신을 더 효율적으로 보살피고 엉망으로 만들어놓은 지구도 정화할 수 있다.

새로운 친구, 광합성 세균

영국계 미국인 유전학자 랄프 르윈(Ralph Lewin)은 캘리포니아 스크립스 해양연구소(Scripps Institution of Oceanography)에서 해양미생물학을 가르치던 1975년에 프로클로론(*Prochloron*)[25]이라는 남세균을 발견했는데, 이 세균은 지금도 바다에 많은 수가 서식하고 있다. 광합성을 하는 이 세균은 크기가 매우 작아서 더 큰 생명체가 남긴 극소량의 영양분도 잘 흡수한다. 심지어 다른 생명체가 더는 자랄 수 없을 정도로 영양분이 고갈된 외해의 표층수에서도 잘 번식한다. 이 자그마한 남세균은 농업 생산성을 높이고 환경을 정화하는 연구를 수행하는 생화학자들이 흥미롭게 여기는 수많은 생물 중 하나이다.

그 후 10년도 지나지 않은 1980년대 초, 갈색빛이 도는 녹색 색소를 가진 헬리오박테리아(*Heliobacteria*)가 발견되었다.[26] 이 세균은 산소가 있는 곳에서는 볼 수 없고 논의 진흙, 시베리아의 알칼리호와 온천에서 발견된다. 이들은 매우 효과적인 질소 고정균으로, 대기 중 비활성 질소 기체(N_2)를 유기 화합물로 전환할 수 있다. 게다가 이산화탄소 외에 매우 다양한 유기 탄소원을 이용할 수 있다. 이들이 질소를 고정함으로써 벼에 비료를 주는 작업이 수월해지고 세계 인구 다수에게 식량을 공급할 토양도 개선할 수 있게 되었다.

내산성 토양 세균은 1990년대가 되어서야 발견되었다.[27] 아시도박테리아(Acidobacteria)라고 불리는 이 세균은 지구 탄생 초기의 어두운 바다 환경을 닮아 철이 풍부한 산성의 광산 배수 웅덩이에서 발견되었다. 이들은 세계 곳곳의 토양, 진흙과 물이 있는 환경에서 볼 수 있다. 철을 포함한 화합물을 소화할 수 있다는 것은 이들이 토양을 비옥하게 하고 금속 오염을 정화하는 데 중요한 역할을 한다는 의미이다.

또 2000년대 초 클로로프렉수스(*Chloroflexus*)라는 박테리아의 한 유형이 실 모양 가닥들로 발견되었다. 이 생명체는 70℃까지 뜨거워지는 알칼리성 열수 분출공에서 잘 번식하는데, 사람은 이 온도로 화상을 입을 수 있다. 이들은 햇빛 처리 시스템이 근본적으로 다르고 이산화탄소 고정 방식도 달라서 탄소 제거 계획에 적격이다.[28] 이 생명체가 환경 독소를 분해할 수 있다는 점도 흥미롭다.

그리고 2007년에는 해양 표층수에 서식하는 세균 개체 수의 10%에 해당하는 또 다른 무리가 발견되었다.[29] 이들은 산소가 풍부한 환경에서 살지만, 바다에서 유기 탄소를 이용하면서 산소 없는 광합성 과정을 수행한다. 이들 개체 수가 풍부한 점으로 미루어볼 때 이들이 복잡한 해양 탄소를 생물량으로 전환해 물고기에게 먹이를 공급하고 해저까지 도달하게 만들 확률이 높다. 오래전에 알게 된 고대 생명체들도 새삼 우리를 놀라게 한다. 고세균류가 수소 기체, 암모니아와 금속 철까지 먹이로 삼을 수 있다고 밝혀진 것이다. 염분이 10~37% 사이인 염호에 사는 고세균류의 한 종류가 있다. 비교하자면 냉장고 속 피클은 염분 1.2%인 액체에 보존된다. 특히 강인한 이 고세균류에는 고기능성 자외선 차단제로 사용되는 담홍색 색소가 있다.

지구 역사 초기부터 존재하는 고대 세균 중 일부는 2004년에 수심 2,500 m에서 발견되었는데, 이들은 해저 화산의 '블랙 스모커'의 희미한 적외선 불빛을 이용하여 살았다.[30] 이 자색 세균은 산소가 없어도 화산작용이나 부패 과정에서 발생하는 유기 물질에서 황화물이 꾸준히 공급되면 잘 번식한다. 이 성질 덕분에 토양 속에 있는 복잡하고 유독한 유기 화합물을 분해하는 데 이들이 특히 요긴하게 쓰인다.

과거에 남조류로 알려진 남세균의 한 종류는 건강 보조 식품으로 판매되는 '스피룰리나(spirulina)'이다. 시럽, 사탕, 음료에 색소로 실제 사용되고 있다. 이 세균은 신경과 간을 보호하는 약효 성분을 함유하고 있고 항암, 항염증제로 사용된다. 이들은 대기 중 질소를 고정하여 유기 질소를 만들어내므로 유기 비료로도 사용된다.

공생

최근 몇 년간 과학자들은 공생이 생명 자체의 본질이라는 사실을 계속해서 발견하고 있다. 이처럼 세균성 광합성 생물이 다른 세포의 내부에 사는 것은 자신뿐 아니라 숙주에게도 이득이 된다.

그렇지만 거의 지난 세기를 통틀어 이 과학적 견해는 이단으로 여겨졌다. 정통적 견해에서는 '진화가 경쟁을 통해 이루어졌다'고 생각하였기 때문이다.

이런 생각에 도전장을 내민 최초의 인물은 안드레아스 심퍼(Andreas Franz Wilhelm Schimper)였다. 심퍼는 1901년 말라리아로 사망하기 전, 엽록체의 바깥쪽을 둘러싼 막이 몇 겹인지를 연구하였다. 이 연구 과정에서 그는 엽록체가 실제로는 더 복잡한 생명체와 공생 관계에 있는 광합성 세포라는 가설을 세웠다.[31] 그의 눈에는 이 '엽록소 알갱이들'이 자칫 밋밋했을 숙주 생명체에게 '색소' 서비스를 제공한 것으로 보인 것이다.

콘스탄틴 메레슈코프스키(Konstantin Mereschkowski)는 1910년에 심퍼의 견해를 바탕으로 공생 발생(Symbiogenesis)이라는 이론을 제시하였다. 그는 다양한 세균과 아메바가 협력하여 세포 내 기관인 핵과 엽록체를 형성하며 식물 내부에서 볼 수 있는 '고등' 생명체를 구성한다고 주장하였다.[32] 이 혁명적 이론은 당시 그다지 눈에 띄지 않고 넘어갔다.

스웨덴계 미국인인 생물학자 이반 월린(Ivan Wallin)은 1922년부터 잇따라 발표한 논문에서 세포 속 에너지 생성 소

기관인 미토콘드리아가 사실은 고등 생명체와 '공생 관계라는 기회를 받아들인 세균, 혹은 세균 같은 생명체'라는 이론을 제시하였다.[33,34]

이런 주장들은 위험할 정도로 이단이라고 간주되다가 미국의 진화론자 린 마굴리스(Lynn Margulis)가 1970년대 말, 거센 반발을 극복하고 엽록체와 다른 세포 구성 요소가 세균에서 유래하였다고 결정적으로 증명한 후부터 변화를 보이기 시작하였다. 자그마치 열다섯 차례나 과학 저널에서 게재가 거부되면서도 꺾이지 않은 마굴리스의 끈기와 고집은 지금도 사람들에게 본보기가 된다. 마굴리스는 여러 연구에서 갖가지 요소를 취합하고, 메레슈코프스키를 포함해 이전에는 알려지지 않은 이론가들의 견해를 각각 설명하고 반박하였다. 그는 공생이 진화의 근본 원동력[35]으로, 전체 생태계 형성에 이르는 모든 단계에서 세포들이 서로 협력한다는 주장을 제시하였다. 마굴리스의 표현은 '생명은 전투를 벌여 지구를 장악하는 대신 네트워크를 사용하였다'이다.

세포 내 공생(endosymbiosis)으로도 알려진 이 네트워크는 작은 세포를 포함하는 더 큰 세포를 생각하면 된다. 우리도 더 큰 숙주 몸속으로 이사해오는 더 작은 생명체를 보며 이 네트워크를 확인할 수 있다. 이런 관계는 우발적으로 벌어지거나 착취하는 형태로 이루어질 수도 있지만 대개는 협력해서 서로가 이득을 챙긴다. 생명체는 필요한 자원을 섭취하거나, 포식자에게서 안전하게 보호받거나, 동업자 모두가 이기는 게임을 하는 이점을 얻는다. 그런 생명체는 혼자 사는 것보다 협력함으로써 생존 가능성이 더 커진다.

차나무(*Camellia sinensis*)를 살펴보면 공생이 어떤 이로움을 줄 수 있는지 알 수 있다. 이 나무는 특별한 동물과 공생하면서 비가 많이 내리는 열대 동아시아 원산지뿐만 아니라 전 세계 높은 산 목초지에서도 재배할 수 있게 되었다. 인간에게 섬세한 맛의 카페인을 제공하는 공생을 통해 차나무는 재배 한계를 극복하면서 영역을 넓혀나갔고, 생장률과 생존율을 높였다.[36] 이는 의도적인 협업이 아니다. 두 생명체가 서로에게 이득이 되는 상황적 환경의 작용력으로 선택된 것이다.

생태계가 만들어지는 과정

세포 내 공생은 지구의 역사가 시작한 지 얼마 안 되어 생겨났고 그 후로 셀 수 없이 많은 미생물이 복잡한 공생 연계로 결합하며 오늘날 우리가 알고 있는 현대 생명체의 영역을 만들었다.

이들은 복잡하게 얽힌 전화선 같아 보이지만 색소에 따라 분류하고 엽록체 주위를 둘러싼 막을 걷어냄으로써 어디서 연계가 발생했는지 확인하고 분류할 수 있다. 이 책이 쓰인 목적에 맞게, 그리고 단순하게 정리하기 위하여 광합성 생물을 세 부류(녹색 식물, 홍조류와 단세포 생물)로 나누어볼 수 있다.

녹색 식물의 엽록소 색소가 항상 녹색인 것은 아니다. 이 부류에는 염호를 신비롭게 물들이고 태양으로부터 생명체를 보호하는 밝은 분홍색 세포도 포함된다. 히말라야 분홍 소금은 소금 침전물로 건조되는 과정에서 이 세포가 얼룩을 만든 것이다. 요점은 색을 사전적 의미 그대로 받아들이지 않아야 한다는 것이다. 이 생명체들은 분홍색이 되는 게 나은 특정 상황을 제외하고는 대부분의 환경에서 녹색을 띤다. 이는 생명의 한 갈래로 우리가 서식지라고 부르는 숲, 늪, 밭, 산울타리와 정원을 비롯해 우리가 기르는 식량과 섭취하는 의약품의 거의 절반을 제공한다. 해안 지대, 숲과 과다 사용된 땅이 균형을 잡을 수 있도록 지표면에서 탄소 생물량을 가장 많이 보유한 저장소이기도 하다.

홍조류(Rhodophyta, red algae)는 푸딩과 커스터드를 젤리 상태로 만드는 우뭇가사리로 익숙한 해조류지만 기원은 적어도 12억 년 전의 화석에서 다시마와 같은 구조를 가진 생명체로 확인되어 지구에서 가장 오래된 다세포 광합성 생물이라고 추정된다. 이 부류에는 김밥의 재료인 김을 포함해 민물과 바다에 서식하는 7,000여 종 이상이 해당된다. 이 붉은 색소를 가진 생명체가 만드는 화합물은 향후 의약품으로 사용될 가능성이 높다. 현재 홍조류는 사료 첨가제로 쓰여 가축에서 배출되는 메탄가스를 줄이고, 전 세계 농부들은 해조류 추출물을 첨가해 토양을 개선하고 있다. 홍조류에는 이 책에서 앞서 소개한 코콜리토포리드도 포함되며 작은 껍데기를 만들어 영국 도버의 화이트 클리프 같은 백악질 침전물을 형성하기도 한다. 이렇게 어마어마한 층으로 이루어진 조류 침전물은 껍데기 무게 때문에 주기적으로 대륙판을 갈라지게 만든다. 조류 대증식은 엄청난 양으로 대기 중의 이산화탄소를 생체량으로 묶어두고, 조류가 죽으면 이들의 껍데기는 비교적 안정적이며 비활성인 석회 상태로 해저에 가라앉는다.

광합성을 하는 홍조류 중에서 적어도 1만 5,000종 이상으로 구성된 또 다른 거대한 집단이 있다. 이들은 모두 몸속에 있는 생명체와 공생 관계를 맺고 있다. 이들은 전 세계 바닷가에서 볼 수 있는 거대한 갈색 다시마 무리뿐 아니라 바닷속 물고기와 동물에게 주된 먹이가 되며 대증식을 일으키는 생명체들이다. 이들은 우리가 들이쉬는 산소의 거의 절반을 만들어낸다. 여기에는 규조류(diatom)가 포함되는데, 믿기 힘들 만큼 복잡한 규산염 세포벽을 형성하는 이 생명체는 나노 물질을 생산하는 재료공학자들의 관심을 끌고 있다. 이 같은 무기질의 유리 세포벽은 미세 침전물과 함께 모래를 이룬다(바로 반도체의 원료인 규소(silicon, Si)이다-옮긴이). 또 이렇게 침전되어 만들어진 '규조토'는 알프레드 노벨이 부를 축적하는 토대가 되었는데, 휘발성이 엄청난 니트로글리세린(nitroglycerine)을 안정시키는 능력이 있어 안전한 다이너마이트를 만드는

데 사용되기 때문이다. 오늘날 이런 유리 껍데기는 암 치료제와 항체 전달 도구 같은 평화적인 목적으로 사용되고 있다.

세계에서 가장 풍부하다고 알려진 생명체들은 정확히 말하자면 광합성을 하기 때문에 그토록 풍요로운 것이다. 이들은 직접 식량을 만들어낼 수 있고, 광합성을 하는 세균이 다른 비광합성 세포 속에서 공생하기 때문이다. 스스로 먹이를 만들 수 없다면 숙주 생명체는 위험한 포식자가 되기도 한다. 광합성이라는 협력 속에서는 우리가 마시는 산소를 잔뜩 만들어내고 바다에 먹이를 제공하는 숙주 생명체라 해도 광합성 동업자 없이는 그저 제멋대로 행동하며 농작물을 망가트리고 인간 종을 굶겨 죽일 뿐이다. 동업자가 없는 홍조류로는 파이토프토라(*Phytophthora*)와 같은 물곰팡이류가 있는데, 이는 치명적인 감자역병을 일으킨 것으로 유명하며 19세기 아일랜드 대기근의 원인이 되었다.

비광합성 공생 생명체인 숙주 세포가 광합성하는 동업자를 잃으면 다른 세포들 사이를 비집고 들어가는 활주 기생충 같은 역할을 하기도 한다. 이 기생충들은 말라리아와 톡소포자충증(toxoplasmosis)처럼 끔찍한 질병의 원인이 될 수 있다.

이러한 녹조류와 홍조류는 생물 계통수에서 가장 큰 부분에 속한다. 생물 형태가 거대해지면서 육지를 정복하게 된 것은 모두 최초의 광합성 세균이 비광합성, 비세균 숙주 생명체에 흡수되어 협업하는 순간부터 시작되었고, 그렇게 세포 내 공생 속에 협업이 이루어지기 시작하였다. 그러나 진화는 거기서 멈추지 않았다. 공생하는 생명체들이 마치 러시아 인형 마트료시카 속 작은 인형처럼 다른 숙주 속에서 거주하였다. 이것이 공생하는 형태로 광합성을 하게 된 생명체로 이루어진 셋째 집단이다.

안타까운 사실은 언론을 통하여 우리가 접하는 조류에 관한 소식이 '유해 조류 대발생' 혹은 '유독성 적조' 등 자극적인 문구로 쓰여 있고, 해수욕장이 문을 닫는 이유와 해양 생물이 목숨을 잃는 원인으로 조류가 지목된다는 것이다. 문제를 일으키는 이 무리는 생체 발광을 통해 해수면을 밝히고 단세포 생명체들이 지닌 난해함의 극치를 보여준다. 이들은 빛을 내는 능력도 있지만 그 외에도 '안점(eye spot, stigma)'이라는 정교한 기관을 만들어 태양을 따라가면서도 강력한 두 편모를 이용해 의도한 방향으로 헤엄칠 수도 있다. 비록 가장 빨리 자라는 조류 유형도 아니고, 광합성을 제일 잘하는 것도 아니지만 (와편모충류(dinoflagellate)에 속하는-옮긴이) 이들이 효율적으로 경쟁할 수 있는 이유는 다른 조류와 달리 물속에서 다른 수온층을 넘나들며 헤엄쳐 밤에는 물속 깊은 곳에 있는 영양분을 흡수하고 아침에는 해수면까지 올라와 빛을 받으며 광합성을 하기 때문이다. 이렇게 함으로써 이들은 햇볕을 머금은 표층수의 총 운반량을 늘리며 다른 조류보다 더 많은 생물량을 생산할 수 있다.

이 생명체 대다수는 독성이 없어 정어리 같은 물고기들이 조류가 대증식할 시점에 맞게 산란 시기를 조절하기도 한다. 그러나 이 가운데 소수는 생존하기 위해 꼼수를 쓴다. 일부는 자신의 포식자나 경쟁자를 겨냥해 독성 물질을 분비하여 물을 오염시키기도 하는데, 워낙 독성이 강하다 보니 이 물질이 조금이라도 발견되면 해수욕장이 폐쇄된다. 당연히 많은 양에 노출되면 인간에게도 치명적이다. '물고기 킬러'로 알려진 피스테리아(*Pfiesteria*)는 와편모충류에 속하는 조류이다. 이 조류는 최대 24가지 생활 주기 단계를 가지고 있는 다재다능한 생명체이다.[37] 주위에 무기물 영양분이 있으면 이들 세포는 광합성을 한다. 햇빛도 영양분도 충분하지 않으면 피스테리아는 스스로 아메바로 변신해 물고기에 들러붙어 독을 주입해 소화하는 단계를 밟는다. 물고기로부터 필수 체액이 새어 나오기 시작하면 아메바는 생식 단계에 진입한다. 이때 생성된 딸세포는 물고기가 다시 산란하기 전, 보통은 죽을 때까지 살을 파먹는다. 그런 다음 살점을 탐했던 광란의 시간이 언제 있었냐는 듯 평범하게 광합성 활동을 재개한다.

이 다재다능한 셋째 그룹 생명체는 우리가 사는 복잡하고 힘겨운 세상에서 살아남기 위한 비범한 능력을 지녔다. 자신이 몸담았던 바닷물이 증발하면 먼지가 되어 지구 대기에 떠다니다 정전기 발생으로 국제 우주정거장에 달라붙어 그 외부에 무임승차하는 모습이 발견되기도 하였다.[38]

다양한 환경에서 살아가는 여러 종류의 광합성 생물들이 공기에서 이산화탄소를 흡수하고 우리가 먹을 식량을 자라게 하는 필수 작업 외에도 많은 일을 하며 존재한다는 사실은 반드시 강조되어야 한다. 이들은 바닷물 속 잔류 탄소를 분해하는 일을 깊은 해저에서도 수행하고 있다. 오염된 땅을 정화하고 산업 폐기물을 치울 수 있다. 논에 비료를 대고 식량 외에 온갖 귀한 산물을 생산할 수도 있다.

결과적으로 보면 탄소 고정, 질소 고정과 복잡한 먹이사슬 유지에 이용할 만한 수많은 화학작용이 아직 밝혀지지 않은 채 남아 있다. 우리는 이러한 대체 과정들을 활용해 지속 가능한 산업을 발전시키거나 환경을 바로잡을 수 있다. 생태계는 도시처럼 이런저런 삶의 부름을 받고 공통의 목표를 위해 일하는 수많은 전문가가 만들어낸 성과이다. 도시가 더 크고 보다 창의적일수록 더 부유하고 건강하다. 생태계라는 생물학적 도시에서 공생을 통한 협력은 두 생명체 사이의 단순한 동반자 관계부터 경쟁자, 포식자와 분해자가 함께 작업하는 전체 네트워크까지 다양하다.

그 어떤 생명체가 육지를 식민지화하기 훨씬 전에 그리고 '섭리'라는 단어가 생기기 훨씬 전에 공생 과정은 자원을 더 효율적으로 사용하고, 적극적으로 새로운 형태의 경쟁을 벌이고, 그 결과 생명체가 놀라운 수준으로 진화할 수 있게 하는 수단이었다. 오늘날 공생과 유전 정보 공유로 새로운 산물,

새로운 서비스와 새로운 비즈니스 모델이 만들어지고 있다. 자연에도 평범한 사회처럼 어느 정도 약탈자, 절도범, 그리고 무임 승객이 있다. 그럼에도 네트워크는 거의 한결같이 이들의 영향력을 제한하는 법을 스스로 찾아낸다.

그리 작지 않은 광합성 생물들

현대 세계에서 변화를 지배적으로 이끌어가는 주역은 인간이라고 믿기 쉽다. 이 책에서 새롭게 뜻밖의 생명체를 '발견하는' 사람들은 이미 언급하였지만, 우리 인간을 발견하는 생명체들은 다루지 않았다. 한편 인간이 초래한 오염, 재해, 질병과 기근 같은 환경 이변을 전하는 암울한 보도가 신문과 방송을 가득 채우고 있다. 그러나 정작 지구 역사 전반에 걸쳐 변화를 만든 가장 강력한 힘은 광합성이었다. 심지어 인류의 시대가 도래한 이후에도 이 세상을 끊임없이 변화시켜왔다. 나는 광합성이 인간이 일으킨 문제를 해결하는 데 도움이 되리라 지금도 믿고 있다. 미래에 '햇빛에 굶주린 다시마가 더 밝은 곳을 찾아 서서히 물 밖으로 뻗어 나오면서 도시를 흐물흐물한 엽상체로 덮어가며 육지를 침입할까?' 아니면 '빙설조류가 진화하여 대기 중의 이산화탄소가 풍부해지고 그린란드 빙하가 녹으면서 분홍색과 붉은색의 초원으로 덮일까?'라는 상상을 해본다. 또 '만일 동물들이 광합성을 한다면 다른 생명체를 잡아먹지 않고도 일광욕만으로 충분히 살아갈 수 있을까?'라는 상상도 함께 한다.

산호, 달팽이, 진딧물, 곤충과 도롱뇽

이런 질문들을 뜬금없다고 느낄 수도 있겠지만 지금까지도 물물교환을 배워가는 일부 생명체를 포함해 광합성을 하는 더 큰 생명체를 알고 이들을 만난다면 생각이 달라질 것이다. 진화가 끝나려면 아직 멀었기 때문이다. 우리는 자연계에 이중성이 있다고 항상 배웠고, 자연계에서 포식자와 분해자는 1차 생산자를 섭취한다. 그러나 지금 우리는 동물조차 광합성의 매력에 푹 빠져버렸다는 것을 깨닫는다. 이렇게 확신할 수 있는 이유는 깨끗하고 누구나 쓸 수 있는 에너지를 듬뿍 제공하는 광합성이 모두에게 이득이기 때문이다.

산호는 5억 년이 넘는 기간 동안 지구에 서식하며 웬만한 동물보다 오래 살아왔다. 이들은 아주 오래된 해양 포식자로, 역시 수명이 긴 말미잘이나 해파리와 마찬가지로 미세한 침을 작살처럼 이용해 먹이를 찌르며 다른 생물과 차별화한다. 그러나 이것은 에너지를 얻는 주된 방식이 아니다. 산호는 탄산칼슘 뼈대를 만들며 부드러웠던 몸체를 적당히 단단한 나무 같은 구조로 광물화시켜 공생하는 광합성 생물에게 안전한 서식지를 제공한다. 그 속에서 광합성 생물은 산호 숙주가 내뿜는 이산화탄소와 영양분을 먹고 산다. 답례로 산호는 동엽자가 만든 당(sugar)에서 자신에게 필요한 에너지의 95%를 얻는다. 산호는 다른 생명체들이 이미 영양분을 빼간 연안 해수에 산다. 산호 속에 살며 광합성하는 공생자는 성장 속도가 빠른 생명체는 아니다. 그런데도 이들이 서로 협력해 태양 에너지를 동력으로 급속 충전하는, 그래서 모든 생명체가 혜택을 누리는 시스템을 만들었다. 그리고 산호가 부족한 영양분을 보충하려 잡아먹는 미세 먹이인 동물성 플랑크톤도 숨을 곳이 많고 먹이사슬이 복잡하며 풍부하지는 않아도 안정적으로 영양분이 공급되는 이곳 생태계에서 잘 살아간다.

그림 2. 산호는 유연하게 석회화한 구조 여기저기에 와편모충류, 그중에서도 황록공생조류(zooxanthellae)를 지닌 복잡한 군체 생물이다. 광합성을 하는 몸속 공생자는 산호와 협력하여 가장 생산성이 높은 환경을 만든다. 햇빛을 많이 받는 얕은 해역에 만들어진 산호초는 광합성 측면에서 볼 때 지구에서 생산성이 가장 높은 단일 서식지이다. 이들은 탄소 고정 성적표에서 선두를 달리며 연간 m^2당 2,500 g을 고정하는데, 이는 아열대림이나 아한대림의 생산성보다 3.6배 높은 수치이다.

사람에게 주는 이득도 끝이 없다. 산호초는 폭풍과 해일로부터 해안 도시를 보호하고, 영양가가 풍부한 다양한 물고기에게 서식지를 제공하고, 지속 가능한 관광산업으로 일자리를 창출한다. 무엇보다 중요한 것은 해양 산성화와 대기 오염이 심각한 세상에서, 산호초는 효율적으로 탄소를 흡수한다는 사실이다. 그러나 사람들은 산호초를 돌보는 대신 지속 불가능한 관광산업을 단속하지 않은 채 무분별하게 연안을 개발하고, 포식성 어류를 제대로 관리하지 않으면서 오히려 적극적으로 이들을 파괴하고 있다. 무엇보다 심각한 것은 바다가 따뜻해지면서 스트레스를 받은 산호가 표백 현상을 일으키는 것인데, 이는 높은 온도에 따른 패닉 반응으로 산호가 광합성 공생자를 내쫓고 결국 서서히 굶어 죽게 된다(우리나라 동해와 남해에서 이 백화 현상이 나타난다-옮긴이).

달팽이는 산호나 해파리보다 신경계와 소화계가 훨씬 복잡하다. 이들은 광합성 생물과 협력하는 요령을 완벽히 익혔다. 달팽이의 일종인 일부 갯민숭달팽이는 '클랩토플라스티(kleptoplasty)'라는 특별한 기술을 사용하는데, 이는 '도둑(thief)'이라는 뜻의 그리스어 '클렙토(klepto)'에서 유래한 단어로 이 기술을 쓰기 위해 이들은 녹조류를 섭취한다. 그런 다음 엽록체를 빼내지만 소화하지는 않고 이 훔친 광합성 시스템을 소화기관 안에 보관한다. 산호와 달리 이들은 생포한 엽록체에서 그다지 많은 에너지를 얻는 것처럼 보이지 않는다. 대신 갯민숭달팽이가 얻는 이득은 엽록체가 밝은 녹색으로 변하면 이들 서식지인 풀이 무성한 염습지나 갯벌에서 위장술로 사용되며 포식자들로부터 보호를 받는다. 그러나 이게 끝이 아니다. 엽록체는 달팽이의 몸에서 최대 9개월 동안 살아남는데, 이는 조류 속에서 사는 것보다 긴 기간이다. 엽록체는 활발하게 대사 활동을 하고 끊임없이 자가 치유한다. 여기서 우리가 눈여겨봐야 할 부분은 과거 독립 세포였던 엽록체가 공생 관계를 시작하면서 자신의 유전 능력을 숙주에게 맡기기 때문에 엽록체와 숙주가 효율적으로 협력할 수 있다는 점이다. 이는 엽록체의 유지 보수를 숙주가 맡는다는 뜻

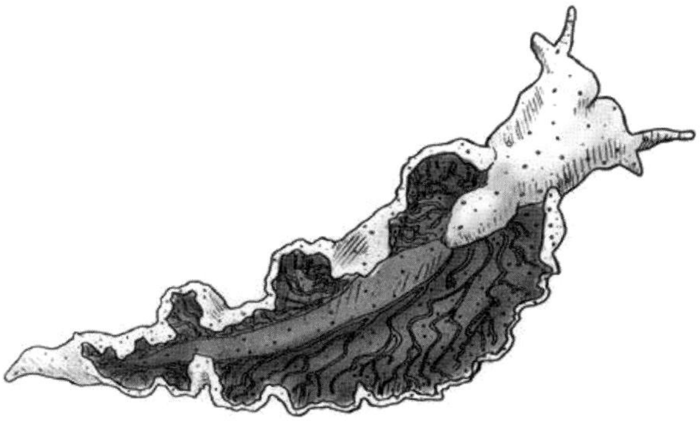

그림 3. 모양도 크기도 꼭 나뭇잎처럼 보이는 갯민숭달팽이인 엘리지아 클로로티카(*Elysia chlorotica*)는 몸속에 최대 9개월 동안 보유하는 녹조류 엽록체 때문에 밝은 녹색을 띤다. 이로써 달팽이는 녹색 위장술을 사용하고 대사 기능에 도움을 받는다. 동시에 빼돌려진, 즉 추출된 엽록체는 달팽이 세포가 부양하고 먹이도 공급한다. 달팽이가 유전 능력을 채택해 식물처럼 자기 몸속에서 광합성하는 공생자를 부양한다는 뜻이다.

이다. 달팽이가 야금야금 갉아먹어 조류 숙주가 없는 상황에서 어떻게 엽록체는 동물의 내장 세포에서 수개월 동안 잘 지낼 수 있을까?

놀랍게도 답은 달팽이가 엽록체를 활성화하는 데 필요한 유전자를 조류에서 자신의 유전체로 흡수해 관리하고 있다는 것이다. 다시 말하면 이들은 식물이 되는 법을 배우고 있는 셈이다.

이제 이야기 여행은 진딧물 세상으로 떠난다. 이 작은 곤충은 식물에서 즙을 빨아먹고 당(sugar)을 함유한 작은 체액 방울을 배설하는데, 이는 아무 데나 잘 달라붙는다. 개인적인 이야기지만 참 속 썩이는 녀석들이다. 우리 집 화분에 있는 식물에서 수액을 빼앗고, 어린 장미꽃 봉오리를 먹어 치우거

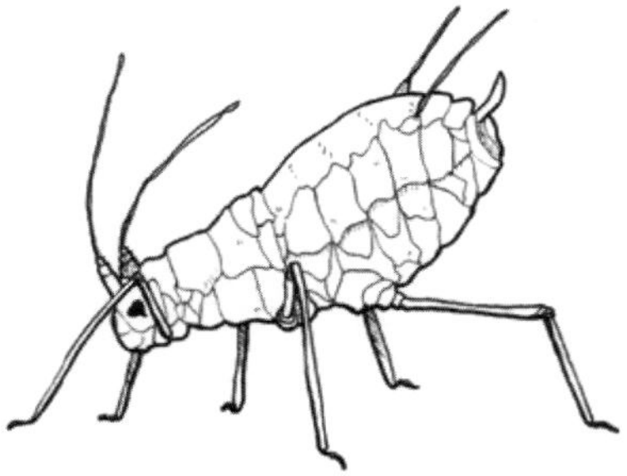

그림 4. 눈에 띄게 밝은 붉은색 혹은 밝은 오렌지색 진딧물의 일종인 완두수염진딧물(*Acyrthosiphon pisum*)은 리코펜을 합성한다. 이 진딧물은 색소를 흡수하는 대신 색소 유전자를 자신의 유전자와 결합시켜 색소 자체를 만들어낸다. 이로써 진딧물은 빛을 흡수해 자신의 미토콘드리아(에너지를 생성하는 세포 내 소기관)에 에너지를 공급할 수 있다.

나 내가 주차해둔 곳 바로 옆 나무에 들끓는 모습을 보면 화가 난다. 우리 아들은 진딧물의 천적이라는 이유로 무당벌레를 모은다. 내가 가끔 화학 약품을 사용해 진딧물을 죽였다는 사실도 솔직히 고백한다.

그렇긴 해도 완두수염진딧물은 이 이야기 여행에서 특히 흥미롭다. 이들은 추운 날씨일 때는 녹색에서 시작해 해가 점점 길어지면 밝은 오렌지색[39]까지 변화하는 능력을 지녔으며 이때 토마토를 붉게 하는 성분과 같은 색소를 만들어낸다. 이 색소는 진딧물에게 놀라운 자외선 광보호 효과를 제공한다. 그런데 우리는 이 붉은 색소가 고농도로 존재해도 그저 단순한 광합성 에너지 포착 수단에 불과하다는 사실을 최근에 발견하였다. 고세균류가 빛 에너지를 전환하는 수법과 매우 유사한 방식으로 이 진딧물은 햇빛 에너지를 사용해 자신의 대사작용을 돕는다.

동양말벌(*Vespa orientalis*, oriental hornet) 역시 신기한 곤충이다. 이 곤충은 밝은 노란색 띠가 복부를 가로지르는데, 이 띠는 햇빛을 흡수하는 여러 색소층으로 된 작은 홈과 돌기로 이루어졌다. 여기까지는 특별할 게 없다. 우리는 변온 동물의 경우 몸이 따뜻해지면 신체적으로 더 활발하리라 생각한다. 그러나 동양말벌에게는 열 '냉각' 시스템도 있다. 이로써 이들은 기온이 위험한 수치인 40℃ 이상까지 자주 오르는 사막에서 한낮에도 먹이를 찾을 수 있다. 이 말벌의 외골격에 있는 여러 돌기에서는 체온을 2~6℃ 낮추는 열전류가 발생한다. 정밀하게 조사한 결과, 이들은 훌륭한 열전기 효과로 얻은 가열 및 냉각 메커니즘으로 먹이를 찾을 수 있는 시간대나 시기를 더 길게 쓸 수 있다는 것이 밝혀졌다. 이렇게 생각하면 될 것 같다. 이 말벌들은 태양빛을 이용해 복부에서 열을 방출하며 무더운 환경에서 먹이를 찾을 수 있는데, 이는 선선한 이른 새벽에 주로 먹이 찾기에 나서는 다른 말벌 종을 포함해 다른 곤충에게는 불가능하다. 이 특정 말벌은 색다른 형태의 광합성을 통한 특유의 체온 조절 능력으로 햇빛 에너지를 다른 유용한 형태의 에너지로 전환한다.

조금씩이라도 광합성을 하는 생명체의 목록은 우리가 지금까지 살펴본 특정 달팽이나 벌레에 국한되지 않는다. 이에 해당하는 동물에는 북아메리카 점박이도롱뇽(North American spotted salamander)도 있다. 광합성을 하는 녹조류가 이 양서

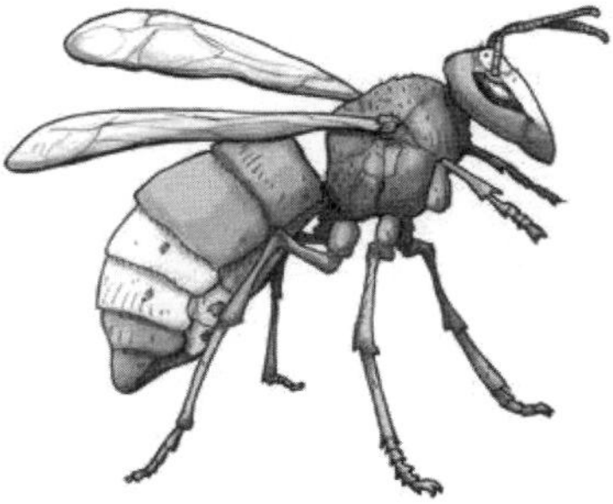

그림 5. 동양말벌은 광전기성 빛 흡수 띠가 전위를 발생시켜 말벌의 체온을 낮추거나 높여 다른 곤충보다 더 오래 먹이를 찾을 수 있다.

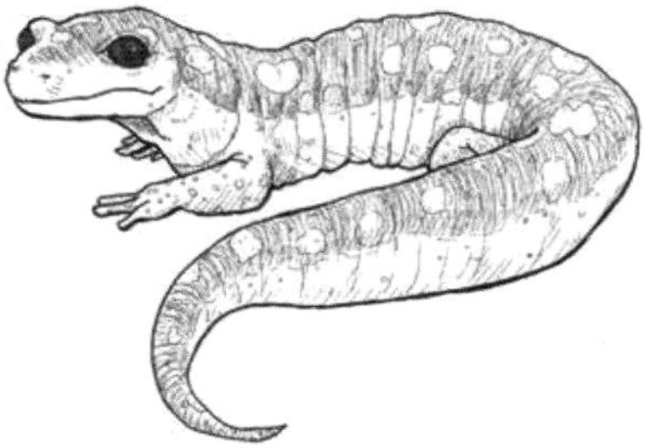

그림 6. 미국 동부 해안의 점박이도롱뇽(*Ambystoma maculatum*)은 알 속에 광합성을 하는 조류를 데리고 다닌다. 이 조류는 성장하는 알들에 영양분을 공급하고 해독 작용도 한다. 도롱뇽은 평생 난소 안에 휴면기에 든 조류를 품고 산다. 이는 광합성 능력을 채택한 동물의 또 다른 예이다.

류 동물의 알주머니 속에 살고 있으며 이들의 배아와 믿기 힘든 공생 관계를 맺고 있다는 것이 발견되었다.[40] 유전 분석을 통해 이 조류가 자신의 질소 대사를 위해 도롱뇽의 암모니아 배설물을 흡수하고 이용하면서 활발히 활동하고 있다는 것이 밝혀졌다. 그 보답으로 도롱뇽 배아는 산소를 섭취하고, 노폐물을 산화시켜 독성을 제거한다.

도롱뇽 성체가 속이 비쳐 보이지 않는다는 점에서 조류 세포는 도롱뇽이 성체로 살아가는 동안 휴면 상태를 유지한다는 것을 알 수 있다. 그러다가 도롱뇽이 새로 알을 낳으면 알들은 도롱뇽의 생식기관에 있는 휴면 상태의 조류 세포와 함께 수정된다. 이 알들이 투명하다는 점에서 조류 세포가 다시 광합성을 시작하였다고 볼 수 있다. 도롱뇽은 생전에 오로지 짧은 기간만 광합성의 혜택을 받지만, 이 과정이 지닌 가치는 도롱뇽이 자신의 알 속에 조류를 데리고 있으려 유전체를 재배열하는 것도 불사할 정도로 대단하다.

새로운 유형의 광합성이 중요한 이유

지구에 생명이 최초로 탄생한 이래 광합성은 생명체와 함께 진화해왔다. 먼저 광합성은 고세균류와 세균이 번성할 수 있었던 환경의 범위와 유형을 확장하였다. 그런 다음, 세균 세포가 더 복잡한 숙주 생명체에게 광합성을 결합하기 시작하면서 공생 관계라는 복잡한 네트워크가 만들어졌다. 공생 관계 속에서 세균 세포는 다양한 숙주 몸속에 더부살이하면서 생물 형태와 생존 전략이 완전히 바뀌며 새로운 생태계를 다양하게 만들었다. 세균 세포는 공생이라는 방식으로 척박한 땅에 자리 잡아 살아가면서 완전히 새로운 '생물 중심의 지질학적 순환과 영양분을 만들어내는 화학적 순환'을 창조해냈고, 이는 나아가 생물과 환경 사이에 필수 영양분이 교환되는 다양한 '물질 순환 과정'을 만들었다.

이 또한 이야기의 끝이 아니었다. 우리가 이제껏 봐왔던 것처럼 동물들조차 에너지를 활용하고 생존 가능성을 높이기 위해 광합성을 사용하기 시작하였다. 이행 과정은 감지하기 힘들 정도로 서서히 진행되고 있다. 산호는 지구상에서 가장 오래된 동물에 속한다. 이들은 수억 년에 걸쳐 광합성하는 생명체와 가장 깊고 가장 성공적인 공생 관계를 확립해왔다. 이제는 달팽이, 곤충, 심지어 복잡한 척추동물도 식물 유전자를 자신의 유전자와 융합하고 있다. 우리는 당연한 수순으로 다음 차례는 어떤 생물일지 추측해본다. 광합성을 하는 나비나 박쥐가 나타날까? 지금 당장 우리 인간이 그 차례 어딘가에 포함될지 모른다고 생각하기에는 크게 무리가 있다. 인간은 몸무게에 비해 표면적이 그다지 넓지 않다는 게 주된 이유이다. 그래서 인간의 격렬한 신진대사에 연료를 공급할 수 있을 만큼 햇빛의 양을 흡수하는 일은 극히 어려울 것이다. 실제로 여기에 등장한 동물들도 원칙으로 따지면 다 예외에 해당한다. 그러나 이제까지 여러 생명체가 광합성을 채택한 놀라운 방식을 생각하면 진화라는 절대 끝나지 않을 이야기에서 앞서 설명한 동물들은 그저 새로운 장의 시작에 불과할지도 모르겠다.

CHAPTER 4

살아 숨 쉬는 얇은 껍질로 덮인 지구

지금쯤 광합성이 왜 지구 환경의 원동력인지 그 이유를 이해하였을 것이다. 광합성은 대기와 바닷물의 탄소 농도 조절자이자, 모든 생명체를 위한 식량 생산자이다. 그리고 우리가 만든 폐기물이 분해되어 유용한 자원으로 재활용되는 과정에 활기를 불어넣는다.

그렇기에 광합성이 우리 생존에 필수라는 것은 확실하다. 약 100억 명에 이르는 인구에게 식량을 공급하는 동안 지구의 물질들이 균형을 유지하기를 원한다면 먼저 광합성이 어디에서, 얼마나 발생하고 있는지 계산해야 한다. 우리가 기를 수 있는 식량의 양뿐 아니라 토양을 만들어내고, 산소를 발생시키고, 이산화탄소를 재활용함으로써 생명이 번영하는 데 필요한 자연환경을 확장할 방법을 찾아야 한다.

상당히 어려운 일이다. 바다에서, 북극 툰드라나 열대 늪지대 또는 산악 지역에서, 쉽게 접근하기도, 그렇다고 협조를 받기도 힘들어 보이는 여러 나라의 농지에서 일시적으로 벌어지는 현상을 모두 측정해야 한다고 생각해보라.

그러므로 실제 일어나는 광합성의 양이 얼마나 되는지 누가 물으면 답하기가 까다롭다. 그럼에도 불가능하지는 않다. 인간 과학에서는 역설적으로 답을 얻어내는 상황이 드물지 않다.

인공위성을 이용하여 접근하기 어려운 넓은 대지를 정찰한 이후부터 세계적 규모로 이루어지는 광합성 활동을 제대로 평가할 가능성이 생기기 시작하였다. 미국의 정찰위성인 코로나(Corona)와 키홀(KeyHole)이 1959년 6월 구소련과 중국 곳곳에 있는 핵미사일과 전략적 방어 시설을 감시하는 데 사용되면서부터 우주에서 찍은 고해상도 영상 시대의 막이 올랐다. 얼마 안 지나 국방 분석가들은 농업 생산을 비롯해 공산주의 국가의 5개년 계획이 차질 없이 진행되고 있는지 추적할 수도 있다는 사실을 깨달았다. 군의 '전투 태세'는 결국 군대의 식량 보급이 원활한지 아닌지에 달려 있기 때문이다.

얼마 안 있어 핵실험 이후 방사성 먼지 구름의 악영향과 분포를 파악하기 위해 최초의 지구적 기후 모델이 만들어지기 시작하였다. 핵폭발로 인한 낙진을 바람이 어느 방향으로 날려 보내는지 알아내는 일은 매우 중요하다. 이러한 계획을 빠르게 뒤이은 것이 랜드샛(LANDSAT) 프로그램으로 식물과 그 외 육지나 바다의 특징을 구별할 수 있었고 이로써 삼림지, 농업 생산, 어업과 토지 이용 변화를 포괄적 관점에서 대규모로 확인할 수 있게 되었다.

마침내 이런 자료 대부분이 기밀 문서에서 제외되고 민간 사용이 가능해지면서 더 나은 일기 예보를 만들고 어업을 관리하고 산불의 영향을 추적하고 도시화, 사회 기반 시설과 농업 개발의 전반적 영향을 밝혀내는 데 사용되었다. 처음으로 과학자들은 바다에서 자연적으로 발생하는 대규모 조류의 증식을 완전히 파악할 수 있었고, 녹색 연안수와 파란색 해수의 차이를 측정할 수 있었다. 붉은색과 파란색 빛을 흡수하는 광합성 색소들을 추적해 정글과 해안가와 옥수수밭을 구별할 수 있었다. 또 겨울철 휴한지가 봄이 되어 꽃을 피우거나 숲이 가을에 잎의 색을 바꾸면서 계절에 따른 광합성의 변화도 관측할 수 있었다.

이 다양한 유형의 자료로 우리는 세상에서 벌어지는 광합성의 총량, 정확히는 광합성의 '순 1차 생산량(Net Primary Productivity, 이하 NPP)'을 측정할 수 있게 되었다. NPP는 광합성 활동의 총량에서 생명체가 자신의 신진대사에 소비한 탄소의 양을 뺀 값이다. 즉 NPP는 대기 중의 이산화탄소가 생물체의 유기물로 변환된 탄소의 양이다. 우리는 해마다 지구의 개별 환경에서 각각 새로운 생물량이 얼마나 성장하는지 확인할 수 있다. 생물지구화학적 순환과 계절 변화에 따른 광합성 사이의 연관성도 확인할 수 있다. 예를 들어, 우리는 영국 도버의 화이트 클리프를 조성했던 조류가 어디에서 얼마나 빈번하게 증식할지 위성으로 측정할 수 있다.

인공위성은 우리가 세상을 바라보는 방식도 근본적으로 바꾸어놓았다. 우리는 역사적으로 열대 우림을 '지구의 허파'라고 생각했는데, 이제는 인공위성 기술로 이 위대한 녹색 미개척지가 어떻게 계절에 따라 광활한 대지에 걸쳐 호흡하듯 리듬감 있게 변화하는지를 직접 확인할 수 있게 되었다.[41] 그런데 위성 자료를 이용해 드디어 지구상의 광합성을 광범위하게 측정할 수 있게 되자 기존 사고방식에 의문이 제기되었다. 이전까지 우리는 푸른 땅을 직접 목격했기 때문에 육지가 지구에서 가장 생산적인 지역이라고 결론을 내렸다. 그에 비해 훨씬 더 큰 파란 바다는 비교적 생산성이 낮다고 믿었다.

그러다가 1998년, 럿거스대학교(Rutgers University)의 폴 팔코스키(Paul Falkowski)는 자신의 연구팀과 함께 육지와 바다의 1차 생산량을 한데 모은 연구 결과를 발표하였다. 결론은 우리가 전 범위에 걸쳐 잘못 생각하고 받아들였던 부분을 근본적으로 재조정해야 한다는 것이었다.

팔코스키와 그의 연구팀은 현재 진행 중인 광합성의 양, 즉 NPP를 연간 단위 면적당 새롭게 성장하는 생물량으로 측정하였다. 〈표 1〉은 그 연구 결과를 보여준다.

표 1. 해마다 광합성 활동으로 고정되는 탄소 생물량의 순 기가톤(10억 톤 단위). 해양 NPP를 수치로 나타내기 위해 사용하는 해수 색 자료는 1978~1983년까지의 평균값, 육상 식생 지수는 1982~1990년까지의 평균값이다.[42]

생물지리학적 구분	수생 NPP		육생 NPP
빈영양성 (Oligotrophic, 저영양 해양)	11.0	열대 우림	17.8
중영양성 (Mesotrophic, 중간영양 해양)	27.4	낙엽 활엽수림	1.5
부영양성 (Eutrophic, 고영양 해양)	9.1	활엽수와 침엽수의 혼효림	3.1
대형 수생식물 (Macrophytes, 해조류)	1.0	상록 침엽수림	3.1
		낙엽 침엽수림	1.4
		사바나	16.8
		다년생 목초지	2.4
		활엽 관목림 (맨땅 서식)	1.0
		툰드라	0.8
		사막	0.5
		인간 경작	8.0
합계	**48.5기가톤(탄소/년)**		**56.4기가톤(탄소/년)**

수치들을 살펴보자. 이 연구에서는 56.4기가톤의 탄소가 육지에서 고정되고 있었지만, 48.5기가톤은 바다에서 고정되고 있었다고 밝혔다. 그때까지 사람들은 대부분 광합성, 즉 산소 발생과 이산화탄소 흡수라는 생물학적 활동의 측면에서 바다가 지닌 커다란 영향력을 충분히 인식하지 못하였다. 우리가 들이마시는 산소의 거의 절반이 바다에서 생성되고, 대략 위도 30도에서 60도 사이의 중영양 상태의 바다가 의외로 한결같이 생산성이 높았다는 것이 확인되었다. 대륙 가장자리에 바짝 붙어 있는 다시마와 해조 정원은 생물량 면에서 보면 해양 탄소의 2%를 고정하였다. 사르가소해(Sargasso Sea)와 북태평양 환류(불행히도 현재는 쓰레기 섬으로 알려졌다) 같은 외해의 '불모지들'은 육지에서 너무 멀리 떨어져 있어 의미 있는 영양분을 얻기 힘들다고 알려졌지만, 이 지역은 해양 생산의 약 20%를 차지하고 있었다.

이 연구는 광합성이 주도하는 생물학적 활동이 범세계적 시각에서 제대로 평가받는 시초가 되었다. 그때 이후로 원격탐사 위성은 끊임없이 개선되었고, 해상도가 점점 높아지며 해마다 더 정밀한 계측이 이루어졌다. 이로써 여러 긍정적인 소식들도 들려왔다. 예를 들어 최근 해양 광합성 자료를 재분석한 결과, 표면 해수가 예상보다 생산성이 높고 깊은 바다로 이동하는 탄소가 거의 2배에 달한다는 사실이 밝혀졌다.[43]

그러나 불안한 소식도 하나 있다. 과거 육지의 생산량이 실제로 발생한 광합성의 총량보다 과대평가된 것처럼 보였다. 육지에서 적도 우림과 북반구 사바나는 생산성이 매우 높은 두 지역이지만 초원, 툰드라, 관목림과 사막처럼 육지에서 큰 면적을 차지하는 지역들은 생산성이 상당히 낮다. 활발하게 경작 중인 농경지는 전체 광합성의 총 탄소 고정량 105기가톤 중에 고작 8기가톤을 차지했을 뿐이다. 지구 전체가 하나의 거대한 농장이라면 우리는 대기에서 탄소를 제거하겠다며 아등바등 노력하지 않아도 되었을 것이다.

그러자 생물량에 관한 의문이 제기되었다. 바다와 육지가 생산량의 측면에서 거의 동등하다고 판명이 났지만, 생물량은 생명체들이 성장하는 장소에 따라 운명이 완전히 달라진다. 나무 몸통 안에 있는 섬유소는 거기서 수천 년 동안 머물러 있을 수 있다. 산호초 주위를 떠다니는 미생물은 언제라도 다른 생명체에 먹힐 수 있다. 식물은 태양에서 흡수한 에너지 대부분을 영양가 높은 탄수화물, 지방과 단백질로 저장하고 이 영양분은 다른 생명체의 훌륭한 먹이가 된다.

낙엽처럼 가을에 떨어지고, 잡아먹히고, 흙에 묻히는 생물량을 수량화할 필요가 있었다. 이를 위한 가장 현실적 방법은 탄소 함유량을 생명체의 '건조' 질량에 따른 비율로 나타내는 것이었다. 그러려면 먼저 생명체에서 모든 수분을 제거해야 한다. 해파리 한 마리를 말린다고 생각해보자. 해파리는 95%가 수분이다. 이 말은 살아 있는 축축한 해파리 20톤을 말리면 쫄깃하고 바삭하게 마른 해파리 1톤이 된다는 뜻이다. 나무는 대략 수분이 50% 정도를 차지해서 장작으로 쓰려면 말려야 한다. 사람의 경우 체중의 65% 정도가 수분이다(보통 어린이들은 수분이 조금 더 많고, 몸에 지방이 많은 사람은 그에 비례한 만큼 수분이 적다. 지방이 다른 조직보다 수분을 덜 함유하기 때문이다).

그러나 그 많은 탄소량도 총 생물량을 나타내기에는 여전히 부족하다. 어떤 생명체는 건조 중량이 자신의 탄소 함유량의 거의 2배에 달한다. 비록 탄소가 우리 몸의 주된 요소이기는 하지만 많은 요소 중 하나일 뿐이다. 우리는 뼈 속에는 칼슘, 단백질 속에는 질소, 그리고 유전 정보에는 인이 있다. 우리가 탄소를 측정 기준으로 삼는 이유는 먹이사슬의 한 영양단계에서 다른 단계로 전해지는 생물량이 얼마나 되는지 탄소로 가늠할 수 있기 때문이다. 또 생명체가 섭취하는 식량을 구성하는 에너지 운반 화합물에는 보통 탄소가 풍부하다.

〈표 2〉는 이스라엘 와이츠먼 연구소(Weitzmann Institute)의 이논 바온(Yinon Bar-On)이 연구한 결과를 요약한 데이터로, 여러 과학 분야에 걸친 수백 개의 참고 문헌을 모아 세상을 새로운 관점에서 볼 수 있게 해준다.

이 〈표 2〉를 살펴보면 꽤 흥미롭다. 예를 들어 바이러스는 인간, 가축, 야생 조류, 야생 포유류를 합친 것(0.17기가톤)보다 더 많은 탄소(0.2기가톤)를 축적한다. 바다 달팽이와 회충도 지

표 2. 육지, 바다, 지하에 서식하는 생명체 대집단의 기가톤 단위 탄소량. 보고된 값은 불확실성을 반영하여 반올림하였다. 밑줄 친 숫자는 광합성 생산자의 생물량을 근사치로 나타낸 표시이다(바온 외 2018에서 응용).[44]

분류군	생명체 표본	육생 탄소량 (단위: 기가톤)	수생 탄소량 (단위: 기가톤)	지하 탄소량 (단위: 기가톤)
식물	나무	450	0	0
척삭동물	물고기	0	0.7	0
	가축	0.1	0	0
	인간	0.06	0	0
	야생 포유류	0.006	0.001	0
	야생 조류	0.001	0.001	0
절지동물	곤충/갑각류	0.2	1	0
연체동물	달팽이	0.02	0.2	0
자포동물	해파리	0	0.1	0
환형동물	회충	0.2	0.08	0.04
선충류	백선/백선균	0.008	0.01	0.004
균류	버섯	12	0.3	1
원생생물	아메바/ 동물성 플랑크톤	1.5	2	0
세균	세균	7	1.3	67
고세균류	고세균	0.5	0.3	7
바이러스	바이러스	0.1	0.1	0
합계		**472**	**6**	**75**

구상에 있는 인간, 포유류, 조류(새) 개체군을 능가한다.

그러나 표에서 얻을 수 있는 가장 확실한 결론은 생물량에 탄소가 축적되는 과정은 대개 육지와 나무에서 일어난다는 사실이다. 자그마치 탄소 450기가톤(정확히는 4,520억 톤)은 472기가톤의 탄소량을 보유한 육상 기반의 전체 생물량 중에서 대부분이 나무 안에 들어 있다는 의미이다. 육지에서 무슨 일이 벌어지는지 알아보기 위해 먹이 피라미드를 떠올려보자. 피라미드의 뾰족한 꼭대기에 탄소량 0.17기가톤을 지닌 복잡한 동물들이 있고, 그 아래에 탄소량 0.43기가톤을 보유한 곤충·달팽이·기생충이 있으며, 그다음으로 탄소량 21.1기가톤을 지닌 균류·세균·바이러스가 있다. 여기까지 생명체는 전부 생물량의 소비자이고, 모두 합치면 탄소량 22기가톤에 해당한다. 피라미드의 맨 아래 넓은 부분은 식물로 구성되며, 이들은 축적한 450기가톤이라는 어마어마한 탄소량으로 위에 언급한 소비자들에게 식량을 제공한다. 육지에 있는 생산자 생물량이 소비자 생물량 대비 20.7배 많은 셈이다.

이와 반대로 바다에는 포유류, 갑각류, 새, 물고기, 기생충, 달팽이, 해파리 등을 포함해 육지보다 동물 생물량이 훨씬 많다. 해양 동물의 탄소 축적을 합산하면 총 탄소량은 2.1기가톤이 되며, 육지와 비교하면 거의 3.5배 많은 동물 생물량이다. 〈표 1〉에 나와 있듯이 육지에서 1년에 축적하는 56.4기가톤의 탄소량과 비교할 때 바다에서는 1차 생산자 생물량이

48.5기가톤의 탄소량 축적을 만들어낸다. 상대적으로 더 적은 양의 해양 광합성 활동이 훨씬 큰 규모의 동물들을 먹이고 있는 셈이다. 이는 포식자 수가 먹이 생산자 수보다 많은 상태로 먹이 피라미드가 뒤집힌 모습이다. 얼마 안 되는 빈약한 광합성 생물들에 기대어 훨씬 많은 수의 소비자들이 살아가고 있다. 육지에서 벌어지는 일과 정반대이다. 어떻게 이런 일이 가능할까?

바다는 지구 표면의 71%를 덮고 있고, 지구의 전체 생물량 중 약 80%는 육상 식물 속에 저장되어 있다. 그런데 모든 동물 생물량의 대략 70%는 또 바다에 있다. 다시 말하면 캘리포니아대학교 샌타바버라 캠퍼스의 버제스(Matthew Burgess)와 게인스(Steven Gaines)가 제안한 것처럼 '지구에는 식물 우세의 육지 풍경과 동물 우세의 바다 풍경이 있다'고 할 수 있다.[45]

이 모든 이유는 서로 다른 생명체가 자신의 환경에 적응해온 방식에서 찾을 수 있다. 식물은 육지를 식민지로 만들어야 했는데, 대기에는 비교적 이산화탄소가 적었고 이용할 만한 탄소, 물과 영양분은 제한되어 있었다. 식물은 땅에서 수분과 영양분을 끌어오고 자신의 몸을 땅에 고정하기 위해 뿌리가 필요하다. 땅 위로 자라고 비바람에 견디면서도 햇빛을 얻기 위해 경쟁하려면 섬유소를 함유한 튼튼한 나무줄기도 필요하다. 식물은 빛을 가능한 한 많이 흡수하기 위해 잎을 길러야 하고, 잎은 계절 변화에 대항할 정도로 억세거나 정기적으로 교체되어야 한다. 식물은 기생충과 곤충을 비롯하여 균류와 포유류에 이르는 소비자에게 끈질긴 공격을 받기 때문에 살아남으려면 충분히 무장하여야 한다. 이 모든 과정이 수백, 혹은 수천 년을 지속하는 생활 주기 안에 이루어져야 한다. 결과적으로 식물은 대체로 느리게 성장하는 크디큰 생명체인 경우가 많고, 방대한 양의 생물량을 저장하지만 먹이사슬 위로 올려보내는 양은 상대적으로 매우 적다. 육지에서는 먹이 피라미드의 맨 아래에서 바로 위 단계로 에너지를 전달하는 효율이 약 1%로 상당히 낮다는 의미이다.[46]

바다는 수생 광합성 생명체가 살기에 비교적 탄소가 풍부한 환경이다. 생명체들은 꽤 멀거나 깊은 곳에 있는 영양분을 수송하는 해류에 직접 노출되기 때문에 뿌리, 줄기, 잎이 필요 없다. 물속에 있어서 자신의 몸체로 수분을 퍼 올릴 필요도 없다. 이들은 부피당 표면적 비율이 매우 높고, 작은 세포들은 기꺼이 영양분을 흡수하고 노폐물 가스를 교환한다. 이들은 성장률이 매우 빠르고 사실상 생물량을 저장할 필요도 없다. 조류는 어떤지 살펴보자. 이들은 미세한 생명체들로 생활 주기가 며칠 정도밖에 안 되다 보니 한 해에만 해도 수많은 세대가 탄생한다. 이들이 한 번 증식하면 잡아먹히는 것보다 더 빨리 번식한다. 그리고 다수의 상위 포식자들에 둘러싸이면 대략 10%에 달하는 많은 에너지가 먹이사슬 위 단계로

올라간다.[47]

그러므로 우리는 식물 생물량이 1차 생산자인 커다란 육상 식물 속에 축적되는 반면, 동물 생물량은 소비자인 커다란 해양 동물 속에 축적된다는 결론을 내릴 수 있다.

광합성으로 세상의 균형을 바로잡을 수 있을까?

우리가 세계 탄소 수지(budget)에서 균형을 찾고 싶다면 이 같은 해양, 육지, 생태계 차이를 알아내는 것이 매우 중요하다. 지구는 늘 현재 수준의 광합성을 가동하지 않았다. 우리는 지구 대기가 생물권에 걸친 광합성의 양과 탄소 순환에 직접적으로 연관된다는 사실을 여러 번의 빙하기를 통해 알고 있다. 광합성이 너무 과하면 지구는 빙하기 상태가 되고 반대로 너무 적으면 더워졌다.

예를 들어 3억 6,000만~3억 년 전인 석탄기 동안 지금보다 훨씬 많은 광합성이 일어났었다. 거대한 유기 침전물이 바다와 늪의 바닥에 쌓이며 인류의 산업적 부의 기반인 엄청난 석탄 매장량을 만들었다. 이 시기에는 광합성 생물량이 매우 많아서 공기 중 산소 농도는 지금보다 62% 정도 높았다. 오늘날 우리가 숨 쉬는 비교적 산소가 희박한 공기(산소 농도 약 20%)에서는 절대 살아남지 못했을 거위만 한 잠자리들이 번성할 수 있었다. 게다가 공기 중 이산화탄소 농도는 평균 800

ppm이었는데, 이는 오늘날의 거의 2배 수준이다. 동물과 식물 성장에 대기는 그야말로 최적의 상태였다.

광합성 활동이 너무 활발해서 생물량이 엄청나게 생성되고 있었고, 그중 많은 양이 화석화된 침전물인 석탄, 석유와 천연가스로 남게 되었다. 산소가 연관된 광합성 억제까지 고려하면 탄소 포집의 측면에서 볼 때 대성공을 거둔 것으로,[48] 해마다 초목과 토양 퇴적의 형태로 탄소 3기가톤이 추가로 격리된다. 이는 지구계에서 제거되는 어마어마한 양의 탄소이며, 앞으로의 가능성이 기대될 정도이다.

누군가가 펄쩍 뛰기 전에 알리지만, 나는 어떠한 경우에도 지구 대기에서 이산화탄소 수치를 2배로 만들자고 제안하는 게 아니다. 그렇지만 지구를 다시 생산성 있게 만들기 위하여 우리가 무엇을 할 수 있을지는 궁금해질 것이다. 화석 연료를 다룬 논쟁 속에는 에너지가 유한한 자원이며 수 세기에 걸친 경제 성장은 뒤집힐 위기에 놓였다는 의식이 팽배한 상태이다. 수많은 경제학자는 현재의 부유함이 우리가 더는 사용할 수 없게 될 화석 탄소 에너지에 기반한 일시적 상황이라고 주장한다. 따라서 우리에게 이 에너지가 없으면 경제·사회·문화와 사회 기반 시설의 업적들을 고스란히 유지하기가 점점 어려워질 것이라고 우려한다. 땅속에 수억 년간 저장되어온 에너지에 의존하는 대신 재생 가능한 에너지원을 사용해 우리 자신을 위기에서 구할 수 있다고 주장하는 사람들도 있다.

조석 에너지와 지열 에너지를 제외한 재생 가능한 에너지원은 직간접적으로 태양 에너지로부터 오는 것이다. 그러므로 더는 사용해선 안 되는 모든 화석 연료를 대체하면서도 경제 성장을 유지하고 늘어나는 세계 인구에게 식량을 제공하기 위하여 지구 시스템에 충분한 햇빛 에너지가 흐르고 있는지 파악하는 것이 필수이다.

물론 태양의 풍요로움을 직접 활용하기 위해 노력하고 있는 과학자들도 있다. 예를 들어, 케임브리지대학교의 과학자들은 햇빛, 이산화탄소와 물을 전환해 탄소 배출을 줄인 탄소 중립 연료를 만들어내는 '인공잎(artificial leaf)'을 개발하고 있다. 이렇게 만들어진 연료는 기존 광전지에서 나오는 전류와 다르게 액체로 저장될 수 있다.[49]

햇빛이 바다나 육지에 도달할 때쯤이면 총 태양 복사 에너지 중 상당 부분은 이미 대기에 흡수된 상태이다. 이런 이유로 천체 망원경을 가장 높고 건조한 산꼭대기에 두거나 아예 우주로 보내는 것이다. 그렇지만 대기를 통과하고도 남은 복사 에너지는 여전히 어마어마하다. 지구에 닿는 태양 에너지는 1년에 대략 17만 8,000테라와트이다. 이는 1.78와트에 10을 17번 곱한 것으로 17만 8,000조 와트와 같다. 그에 비하면 인간의 총 에너지 생산은 1년에 약 18테라와트이다. 다른 말로 하면 겉보기에 무엇이든 만능일 것 같은 인간은 모든 화석, 핵과 재생 가능한 자원을 이용하고도 지구가 태양으로부터 받는 에너지의 약 0.01%를 생산하는 셈이다. 그리고 물론 인간이 생산한 에너지는 대부분 수백만 년 전 태양 에너지를 저장한, 식물을 기반으로 한 화석 연료에서 얻는다.

이 말은 우리가 현재 사용하는 양보다 1만 배나 더 큰 에너지가 하루도 빠짐없이 우리를 지나쳐 줄줄 흐르고 있다는 의미이다. 이것으로도 겸손한 마음이 들지 않는다면 이건 어떨까? 인간이 생산하는 에너지보다 광합성을 하는 생명체들이 태양에서 수확하는 에너지가 훨씬 더 많다는 것이 밝혀졌다.

현재 광합성을 위해 흡수된 태양 복사 에너지의 양은 전체의 3~6%이다. 광변환 효율 1.7%를 평균값이라고 한다면, 광합성 생물들은 인간이 생산하는 양보다 연간 거의 20배나 많은 에너지를 수확한다. 그 에너지를 모두 흡수하기란 불가능하지만 이용할 수 있는 여분의 햇빛 에너지가 여전히 어마어마하게 있어서 광합성을 늘리고 훨씬 많은 생물량을 만들어내고 점점 늘어나는 인구를 먹여 살리면서 대기 중 탄소를 다시 균형 있게 만들 수 있다. 석탄기의 화석 증거에서 우리는 세상이 오늘날보다 월등히 많은 탄소를 고정할 수 있는 능력이 있음을 확인할 수 있다.

우리에게는 지금 하는 것 이상으로 이루어낼 만한 공간, 힘과 수단이 있다. 우리는 그저 작은 조류부터 가장 큰 나무에 이르기까지 광합성을 하는 놀라운 친구들을 돕고, 다만 얼마라도 여분의 빛을 거두어들여야 한다. 그래야 우리가 함께 공유하는 지구와 우리 모두를 위해 광합성이 제대로 이루어지도록 할 수 있다.

어차피 우리가 이미 해본 일이다.

CHAPTER 5

좋은 소식… 그리고 나쁜 소식

농업의 기적

좋은 소식을 먼저 들어보자. 인간이 지구에서 이런저런 문제를 일으켰음에도 불구하고 농업은 이제까지 폭발적으로 증가하는 인구, 식욕, 경제 발달과 놀라울 정도로 보조를 맞추어왔다.

수만 년 동안 사람이 더 많아졌다는 말은 소비가 더 늘었다는 뜻이다. 우리는 야생 동물을 거의 다 잡아먹은 다음 가축을 길러 잡아먹기 시작하였고 그 규모는 점점 늘어났다. 지난 수 세기 동안 인구가 폭발적으로 증가하면서 고기뿐 아니라 유제품, 달걀과 의복도 수요가 엄청나게 늘었다. 가축을 기르는 데 필요한 사료도 꾸준히 증가해 오늘날 세계 농산물의 60% 이상이 인간이 아닌 동물의 배 속으로 들어간다. 가축이 정온 동물이라서 사료 에너지의 90%가 체온 유지를 위한 열로 전환된다는 것을 생각하면 가축에 쓰인 농업 생산량은 대부분 최종 소비자인 사람에게 전달되지 않으므로 이 자원들은 매우 비효율적으로 사용된 것이다. 이것이 현재 자연 생태계에 온갖 스트레스와 긴장을 만들어내고 있다.

그러나 조금만 물러나서 생각해보면 덩치가 작지도 않은 그 많은 동물에게 사료를 제공하는 인류의 기술 발전은 정말 놀라울 정도이다. 어떤 면에서는 점점 쉬워진다고 느끼기도 한다. 우리는 한때 식량을 찾아내고, 기르고, 준비하는 데 거의 모든 시간을 보냈다. 지금 선진국에서는 그 시간이 10% 미만이고 개발도상국에서도 약 40% 정도이다. 국가에 상관없이 과거와 비교하면 먹는 데 돈을 덜 쓰면서 소득 대비 식비는 줄어들고 있다. 그러나 부유한 나라에서조차 기아와 영양실조로 고통받는 사람들이 여전히 많다. 뉴스는 악천후, 가뭄, 전쟁과 질병으로 발생한 기근을 보여주는 처참한 영상으로 채워져 있다. 그러나 우리 같은 보통 사람들이 식량을 구하기는 어렵지 않고 가격도 크게 부담되지 않으며 양도 풍부하다. 수십억 사람들과 그보다 훨씬 많은 동물을 먹이는 것은 농업의 기적이나 다름없다. 농업은 그저 식량에만 영향을 미치는 것도 아니다. 우리는 건축 자재나 연료로 쓰기 위해 나무를 기른다. 그저 맛이 좋아서 허브, 향신료, 차와 커피를 기른다. 꽃병에 담을 꽃으로서 장식용 식물을 기르기도 하고,

아플 때 치유를 목적으로 약초를 기르기도 한다. 이 모든 활동은 가치 있는 상품을 생산하기 위해 식물을 체계적으로 개선한 덕분이다. 식물을 더 많이 기르면 더 많은 사람에게 더 큰 부를 가져다준다.

'광합성'이 없었다면 이러한 것들은 일어나지 않았을 것이다. 수 세기에 걸쳐 광합성 생물들은 우리의 목적을 위해 생산성이 더 높아지도록 개량되었다.

품종 개량, 관개와 새의 배설물

오늘날 '자연 그대로' 재배되는 농작물은 아주 극소수이다. 아마 야생 능금나무로 가득 찬 과수원이나 민들레가 심긴 꽃밭을 찾으려면 고생깨나 할 것이다. 우리가 지금 알고 있는 모든 식물은 이제까지 선별, 교배, 그리고 접목되면서 품종이 개량되었다. 그 결과 과실이 커지고 곡물 수확량이 늘어나고 향이 진해지고 꽃이 많이 피고 과육이 달콤하고 부드러워졌다. 껍질이 더 얇아지고, 꽃에 더 생기가 돌고, 질병에 저항력이 강해지고, 저장성이 좋아지거나 내한성이 개선된 것은 가장 튼튼하고, 윤기가 나며 맛있는 식물을 신중히 선택하여 재배한 결과였다.

농작물의 성장도 가능한 한 더 빨리 자라도록 종자가 개량되었다. 생산성이 뛰어난 농업 지역에서는 1년에 여러 종류의 농작물을 재배하며 콩과 식물에 이어 건초, 밀과 귀리 등을 수확한다. 생산성을 높이려면 상황이 허락하는 한 같은 땅에 이모작을 하여야 한다. 나일 강 삼각주에서는 오렌지나무 아래에서 콩이 재배된다. 또 살충 효과가 있거나 그늘을 만드는 과실나무가 차나 코코아와 함께 재배되기도 한다.

전통적 품종 개량 기술을 쓰든, 접목을 하든, 양봉 벌로 조심스럽게 수정을 하든, 유성 생식 주기를 조절하든 간에 농부들은 끊임없이 농업 생산성을 개선하였다. 홉나무가 자라는 곳에서는 암나무가 씨 없이 확실히 꽃만 피우게 하기 위해 지역 전체에서 야생 홉 수나무를 조직적으로 색출해 뿌리를 뽑는다. 그 이유는 수정된 홉의 씨가 맥주의 풍미를 떨어뜨리기 때문이다.

그러나 최고 우량 품종 식물이라 해도 재배 과정 중에 물을 많이 소모하여 광합성 생산량이 제한되는 일이 나타난다. 현재 세상에서 마실 수 있는 물은 대부분 농업에 사용되는데, 고기를 원하는 인간의 욕구를 충족하기 위해 소, 양과 염소에게 먹일 사료를 기르려는 목적으로 어마어마한 면적의 불모지에 물을 대는 것이다. 마실 수 있는 물은 점점 줄어드는데, 계속 팽창하는 인구에 식수뿐 아니라 개인위생과 산업 용도까지 물 수요는 점점 늘어난다. 그렇지만 인간도 창의성을 발휘하며 해결책을 찾기 위해 수천 년 동안 노력해왔다. 농업 수확량을 늘리고자 온갖 기발한 방법을 발명해 물의 방향을 돌리고, 물을 함께 나누고, 물을 옮기고, 물을 관리하였다. 오만인들은 지하 수로 시스템으로, 로마인들은 수도교를 사용하여 물을 대는 법을 개발하였다. 물을 공유하기 위해 만든 깊은 우물, 댐, 그 외 복잡한 설비 때문에 생산성이 떨어지는 황무지가 경작이 가능한 농토로 바뀌었다.

가장 뛰어나다고 알려진 물 관리 시스템은 카나리아 제도의 흑토에서 볼 수 있다. 물이 부족한 이 섬에서는 화산암을 움푹 들어간 형태로 파내고 그 안에 포도나무를 한 그루씩 재배한다. 바다에서 발생한 아침 안개가 섬 위로 퍼지다가 응결되면서 구덩이 바닥으로 스며들면 목마른 포도나무는 이 물방울을 흡수하여 세상에서 가장 달콤한 포도를 만든다. 마찬가지로 모로코 해안을 따라 비스듬히 놓인 길고 좁은 땅에서는 아침 안개를 포획하여 사하라 사막에 있는 농작물에도 충분한 물을 공급한다. 오늘날 이처럼 창의적이고 투지가 넘치거나 시설을 이용한 급수 대책이 충분하지 않은 곳에서는 생활 폐수를 재활용하여 도시 공원에 물을 공급하기도 한다. 그리고 바닷물에서 염분을 제거하는 작업은 에너지 집약적이지만, 농작물 관개에 사용할 수 있을 정도로 저렴하다.

광합성의 또 다른 제약 사항은 식물에 공급되는 영양 물질이다. 최초의 농경은 약 1만 2,000년 전 수렵채집인들이 시작한 농사였다. 우리 조상들은 얼마 지나지 않아 동물 배설물을 밭에 뿌리면 밭에서 나는 수확량이 증가한다는 사실을 발견하였다. 동물 배설물은 질소, 유기 생물량과 미량 영양분을 제공하고, 그 결과 식물을 지탱하는 토양의 능력을 개선하고, 수분 보유량을 늘리고, 무수히 많은 토양 생명체에 먹이를 공급하여 땅은 비옥한 상태가 된다. 이렇게 좋은 자원도 부실하게 관리하면 때로는 질산염으로 식수가 오염되는 등 의도치 않은 결과가 생기기도 하지만, 이러한 방법은 지금까지도 식물에게 영양분을 공급하기 위해 사용된다. 오늘날 한 생명체에서 얻은 노폐물로 다른 생명체를 비옥하게 하는 방식인 다영양 재배(multitrophic cultivation)가 최신식 농업 기술로 등장하였다.

전통적으로 동물의 피, 뼈, 깃털과 배설물로 만든 퇴비를 사용하여 이루어낸 땅의 비옥화는 지금까지 농업 지역 전체를 바꾸어놓았다. 테라 프레타라는 '검은 토양'은 남아메리카 원주민들이 아마존 유역의 토양을 생산성 높은 비옥한 토양으로 만들기 위하여 거름, 생선 뼈, 재에 채소와 도축 폐기물까지 섞어 부지런히 만들어낸 것이다. 이는 단지 영리한 특정 지역의 이야기가 아니다. 아마존 유역의 농지 중 10%, 즉 영국의 2배 면적에 해당하는 규모가 여전히 이 오래된 토양 개량법으로 혜택을 보고 있다고 추정된다. 이와 반대로, 아마존에서 새로운 농지를 조성하기 위해 숲을 베어내며 엄청나게 손상을 입히는 화전(slash-and-burn) 방식은 재가 빗물에 금방 씻겨나가면서 땅에는 모래흙만 겨우 남는다. 새로 만들어졌지만 이미 영양분이 고갈된 토양은 작물 수용량이 매우 낮다.

마치 빵을 굽겠다고 캐비아를 태우는 식이다.

밭을 일굴 때 흙 속에 해조류를 넣는 방식도 오래전부터 사용되었는데, 다시마에는 칼륨이 풍부하기 때문에 작물 생산량이 증가한다. 한때 생선 가루, 어류 추출물과 생선 뼈가 농업 생산성 향상에 필요한 질소, 인과 칼륨의 가장 현실적인 원천이었고 지금도 농업용 비료로 널리 사용된다. 농부들은 생선 폐기물을 재활용하면 생산량이 증가한다는 사실을 늘 알고 있었고, 4,000년이 넘는 과거에 중국의 한 관료가 물고기 양식과 농업을 통합하는 방법을 상세히 알리기도 하였다.

바다에서 얻는 비료로 잘 알려진 것은 바로 구아노이다. 구아노는 가장 유명한 해양 비료이며, 1609년에 가르실라소 데 라 베가(Garcilaso de la Vega)가 최초로 이렇게 기록하였다. "잉카족은 바닷새의 배설물 외에 다른 거름은 사용하지 않는데, 페루 해안에 생긴 크고 작은 다양한 종류의 배설물이 어마어마해서 직접 본 적이 없는 사람들은 믿을 수 없을 것 같다." 구아노, 즉 광물질이 함유된 딱딱한 바닷새의 배설물은 남아메리카에서 해류를 조사하던 탐험가 알렉산더 폰 훔볼트가 페루의 한 부두에서 구아노를 하역하는 광경에 매료되면서부터 19세기에 세계적 산업으로 떠올랐다. 부두에서 일하는 사람들이 새의 배설물을 굉장히 귀한 물건인 양 다루는 것을 보고 훔볼트는 화학 분석을 위해 구아노 표본을 유럽으로 보냈다. 그 후에 훔볼트가 구아노의 장점을 기술한 논문이

널리 알려지게 되었다. 훔볼트는 구아노를 하루아침에 세계에서 손꼽히는 귀한 상품으로 만들었고, 세계적으로 본격적인 비료 호황이 시작되었다. 구아노를 구하기 힘들어지자 사람들은 기를 쓰고 대체재를 찾기 시작하였다. 초석(saltpetre)으로 불리는 천연 질산염 매장층이 남아메리카에서 발견되고 거래로 큰 수익이 나자 칠레와 페루 사이에서는 전쟁까지 벌어졌다.

당시는 산업혁명의 시대였고, 농업 생산성에서 극적인 향상이 없었더라면 산업 부문에 필요한 인력을 농업 부문에서 빼내어 보충하기는 어려웠을 것이다. 식물에서 한층 더 많은 식량을 얻어내야 한다는 필요성이 대두되며 19세기에 농업 연구는 과학의 한 분야로 새롭게 자리 잡아 갔다. 농학자인 장 바티스트 부생고와 그의 동료들은 작물에 따라 질소 비료가 얼마나 필요한지를 정밀하게 측정하였다. 그 결과 질소가 풍부한 콩 같은 고단백질 작물에는 보리처럼 비교적 단백질이 적은 작물보다 질소 비료를 더 많이 뿌려야 한다는 사실을 밝혀낼 수 있었다.

영국 빅토리아 여왕 시대(1837~1901), 존 베넷 로스(John Bennet Lawes)는 동업자 조지프 길버트(Joseph Henry Gilbert)와 함께 화학 약품을 사용하여 양배추와 순무 생산량을 높이는 실험을 진행하였다. 로스는 뼈를 황산으로 녹이면 비료 성분을 얻어낼 수 있고 용해성이 더 좋은 '과인산석회(superphosphate)' 비료를 생산할 수 있다는 사실을 발견하였다. 이 발명으로 특허를 획득한 1842년에 세계에서 처음으로 시판용 비료 생산 공장을 지었다. 로스의 재산과 토지는 영국의 농업연구소, 현재 로탐스테드 연구소(Rothamsted Research)에 기증되었다. 이곳은 비슷한 연구 기관 가운데 세계에서 가장 오래된 연구소이다. 그러나 이런 진보가 있어도 농업은 여전히 매장량이 한정된 양의 구아노와 초석에 크게 의존하였다. 그리고 부와 인구가 놀랄 만큼 늘어날 수 있다는 것을 목격한 세기가 끝날 무렵, 과학자들은 다음 세기에 닥칠 일이 매우 염려스러웠다.

빵과 폭탄

숨 막히게 더웠던 1898년 어느 여름밤, 윌리엄 크룩스(William Crookes) 경은 사람들로 꽉 들어찬 브리스톨의 한 공연장에서 영국 과학 아카데미의 신임 원장으로서 취임 연설을 하기 위해 자리에서 일어났다. 그는 크룩스 관(Crookes Tube)의 발명가로, 이는 훗날 텔레비전에 사용되는 음극선의 토대가 되었다. 그는 금속 원소인 탈륨(Tl)의 발견자이자 열렬한 정신주의자이기도 하였다. 그날 밤 청중은 땀을 흘리면서, '다음 세대들에게 생사가 걸린 문제가 생길 것'이라는 암울한 미래 예언을 듣게 된다. 크룩스는 '인구가 대폭 증가'하고 '식량이 점차 감소'하면서 1930년대쯤에는 사람들이 상당수 굶어 죽게 될 것이라고 경고하였다.

게다가 산더미처럼 쌓인 구아노와 칠레산 초석이 모두 고갈되면 곡물 수확량이 곤두박질칠 것이고 사람들은 굶주리게 될 것이라고 예측하였다. 당시 다른 영국인들과 마찬가지로 제국주의와 민족 우월 의식에 사로잡혀 있던 윌리엄 경은 '위대한 백인종이 어떻게 세상의 선두에서 발목이 잡혀 빵이 주식이 아닌 다른 인종들에게 말살될지' 계속해서 설명해나갔다.

분명히 식량 부족의 예상은 쌀, 옥수수와 기장에 의존하는 사람들에게도 해당하고, 윌리엄 경의 판단이 잘못되었다 해도 그가 말한 해결 방안은 선견지명이 있었다. 그는 "연구실을 통하는 것이 답이다"라며 "굶주림은 궁극적으로 풍요로움을 낳을 수 있다.… 위기에서 우리를 구하러 올 사람들은 바로 화학자이다"라고 말하였다. 그가 제시한 해답은 대기의 78%를 차지하는 질소를 인공 화학 비료로 바꾸는 방법을 찾아 말 그대로 '공기에서 빵을 만든다'는 발상이었다.

이 같은 도전에 영향을 받은 사람들 가운데 프리츠 하버(Fritz Haber)라는 유대계 독일인 과학자가 있었다. 오늘날 그 이름은 전쟁 범죄, 대량 학살과 영화에서 희화화되는 사악한 천재 과학자 같은 단어와 떼려야 뗄 수 없는 관계이다. 그가 저지른 행위는 간단히 설명할 수 없다. 그는 순탄치 않은 청소년기를 보냈다. 어머니는 그를 낳고 얼마 안 되어 돌아가셨고, 아버지와는 사이가 좋지 않았다. 그러나 소문에는 사랑이 넘치는 새어머니 손에 자랐으며 세 명의 이복 여동생들과도 잘 지내는 밝고 쾌활한 아이였다고 한다.

그는 서른두 살에 진심으로 경외하던 클라라 임머바르(Clara Immerwahr, 성은 독일어로 '언제나 진실함'을 의미한다)를 쫓아다녔고 결혼에 성공하였다. 차석으로 학사 학위를 받고 독일에서 박사 학위를 딴 최초의 여성인 클라라가 어떤 실험 연구를 막 야심 차게 시작했을 무렵 한 무용 수업에서 하버의 손에 이끌려 춤을 추게 되었다. 극히 독립적인 성격의 여성 권리 운동가였던 클라라는 연구를 계속하기 위해 처음에는 그의 청혼을 거절하였다. 그러나 끝내 그의 매력에 넘어갔고, 결혼 후 아들을 하나 낳았다. 클라라는 엄마로서 역할을 다하기 위해 학자로서의 경력과 행동주의를 향한 욕구를 포기할 수밖에 없었지만, 부부로서는 녹초가 될 정도로 빡빡하게 사교 모임을 이어가며 리제 마이트너(Lise Meitner), 오토 한(Otto Hahn), 한스 가이거(Hans Geiger), 구스타프 헤르츠(Gustav Hertz), 제임스 프랑크(James Frank), 알베르트 아인슈타인(Albert Einstein) 등 당시 내로라하는 유명 학자들과 교류하였다.

재능 있는 물리 및 전기화학자인 하버는 대기의 질소 고정을 기반으로 '공기에서 빵'을 만들기 위한 산업 방식을 개발하며 크룩스가 꿈꾸었던 도전을 이루기 위해 노력하였다. 그러나 그는 곧 연구 방향을 수정하였다. 불행히도 질산염은 농작물을 잘 자라게 하는 데만 사용되지 않고 폭발물 생산에도 사용되었다. 그래서 식량 생산을 늘리는 데 사용될 수 있었던 풍부한 광물질이 전시에는 폭발물을 만드는 데 사용되었다. 실제로 동굴에서 발견된 박쥐 배설물은 미국 남북전쟁에 쓰인 화력의 상당 부분과 미국 듀폰(DuPont)사의 부를 이루는 밑거름이 되었다.

제1차 세계대전이 시작될 무렵인 1914년에 영국 해군이 해상을 봉쇄하면서 남아메리카로부터 초석과 질소의 수입이 중단되자 독일은 폭발성 질소 화합물의 수요가 전례 없이 폭증하였다. 그때 프리츠 하버는 군대에서 쓸 '전쟁용 화학 물질' 개발 연구에 즉시 자원하였고, 곧 자신이 창의적이며 결실을 내는 사람이라고 증명하였다. 그는 더 적은 양의 화학물질을 사용하여 칠레산 초석을 대체할 물질을 만들 방법을 제안하였다. 일 중독자다운 방식으로 그는 계속하여 염소가스와 포스진(phosgene)으로도 알려진 염화카르보닐(carbonyl chloride) 같은 가스들을 개발하고, 전쟁 무기로 사용할 수 있게 만들었다. 하버는 벨기에 이프르(Ypres) 전투에서 치명적 질식 가스가 담긴 병들을 묻고 퍼트리는 작전을 직접 감독하며 '신이 영국을 벌하시길!'이라고 외친 것으로 유명하다.

새롭게 훈장을 받은 독가스전의 주역이 전장의 성공을 기념하려 집으로 돌아왔을 때 그의 아내는 귀빈들이 모인 자리에서 남편에게 정면으로 맞섰다. 아내는 격분하였고 화학 무기가 '삶에 대한 새로운 통찰력을 전해야 할 학문을 더럽힌 과학의 악용'이라고 주장하였다. 그날 밤 아내는 남편의 권총을 들고 나와 정원에서 자살하였다. 열세 살 난 아들은 엄마가 죽어가는 모습을 목격하였다.

다음 날 아침 프리츠 하버가 왜 그렇게 행동했는지는 지금도 이해할 수 없다. 그는 정신적 충격을 받은 아들과 죽어가는 아내를 버리고 떠났다. 그에게는 또다시 독가스 공격을 지휘하기 위해 전선에 복귀하는 것이 더 중요하였다. 전쟁이 끝날 무렵, 그가 주도한 화학전으로 약 10만 명의 군인이 목숨을 잃었고, 약 100만 명이 부상을 입었다. 이 끔찍한 역사는 여기서 그치지 않고 하버가 제1차 세계대전부터 1934년 사망할 때까지 연구를 이어가며 더 심각해졌다. 그는 곡식 저장고에서 해충을 박멸하기 위해 시안화(cyanide) 가스를 개발하였다. 동료들과 함께 치클론(Zyklon)이라는 제품의 개발도 촉진하였다. 이는 후에 치클론 B의 토대가 되었는데, 히틀러 시절에 강제 수용소에서 대량 학살을 위해 사용된 이 물질로 하버 자신의 친척을 포함해 수많은 사람이 희생되었다.

우리는 그 누구도 하버의 아내가 말한 '과학의 악용'을 간과할 수도, 간과해서도 안 된다. 전쟁이 발발하기 전 10년 동안, 하버는 농업용 비료를 만들기 위해 암모니아를 합성해서 대기 중 질소를 고정하는 방법을 연구하였다. 그는 질소와 수소 원자를 화학적으로 결합하기 위해 막대한 에너지가 필요하고 천문학적 비용이 드는 반면 생산율이 높지도 않다는 사실을 알고 있었다. 그래도 가능성이 희박해 보이는 이 화학 반응에 수반된 반응 역학을 이해하고자 하였다. 그의 연구팀은 상업적으로 실현 가능한 수준까지 암모니아 생산량을 극적으로 늘릴 3,000여 개의 촉매제를 하나하나 확인하였다. 기본 연구 과제를 해결한 정도로 만족하지 못한 하버는 카를 보슈(Carl Bosch)와 함께 효율적인 산업 생산용 반응기를 만드는 연구를 시작하였다. 그러기 위해서는 압력이 가해지면 고반응성을 띠는 뜨거운 수소의 부식성을 견딜 만큼 크롬과 니켈이 풍부한 새로운 합금강을 만들어내야 하였다.

이러한 업적들로 하버는 1918년 노벨 화학상을 수상하였다. 그가 만든 독가스로 훨씬 끔찍했던 전쟁이 끝나고 평화가 찾아왔던 바로 그해라는 점을 감안할 때 이는 논란의 여지가 있는 결정이었다. 그러나 노벨상위원회는 그 업적의 규모와 중요성 때문에 하버의 치명적인 전쟁 기록을 눈감아주기로 하였다. 오늘날까지 하버-보슈(Haber-Bosch) 방법은 암모니아 비료를 만드는 주요한 방법이다. 한 세기가 넘는 기간 동안 그의 발명으로 인구는 해마다 지속적으로 증가해갔고, 암모니아 생산량은 연평균 3.5%씩 증가하며 연간 1억 5,000만 톤 이상을 기록하였다.

전 세계에서 계속 늘어가는 인구의 절반 정도가 하버가 만든 합성 비료 덕분에 식량을 해결하고 있다. 살면서 다른 곳에 가한 온갖 고통과 학살이라는 꼬리표에도 불구하고 '공기에서 빵을 만드는 방법'을 발견해 대규모 기아 사태를 막은 프리츠 하버를 우리는 그저 한 사람의 과학자가 아니라 업적을 되새길 과학자로 기억해야 할 것 같다.

전 세계에 식량 공급하기

그러나 우리가 세계 인구를 모두 먹일 만한 충분한 식량을 생산할 수 있는가 하는 질문은 아직도 의문이다. 윌리엄 크룩스 경의 연설 이후로 60년이 조금 지난 시점인 1898년에 전 세계 인구는 약 30억 명으로 규모가 2배로 늘었다. 두 차례의 세계대전, 스페인 독감 대유행과 연이은 심각한 기근을 겪은 후에 나온 놀라운 결과였다. 실제로 출생률이 크게 증가하였고, 작물 질병이 만연하고, 농부들이 전통 방식을 바꾸어보려 고군분투하는 개발도상국에서는 기근이 발생할 가능성이 있다는 자체가 끊임없는 위협이었다. 일부 지역에서는 바람만 불면 키가 큰 밀이 질소 비료 덕분에 많이 열린 이삭의 무게를 견디지 못해 쓰러지는 등 프리츠 하버의 합성 비료로 오히려 문제가 생기는 상황도 발생하였다.

이때 노먼 볼로그(Norman Borlaug)라는 과학자가 등장하였다. 그는 미국 중서부 출신으로 가난한 농부의 아들이었다. 미네소타대학교 농과대학 입학부에 합격했지만, 학비를 위해 민간자원보존단(Civilian Conservation Corps, 이하 CCC)에서 일하며 돈을 벌어야 하였다. 그는 대공황 시기에 굶주린 사람들과 함께 CCC에서 일했는데, 이 경험이 자신에게 큰 영향을 끼쳤다고 후에 밝혔다. "나는 사람들이 식량 때문에 어떻게 변해가는지 직접 목격하였습니다. 제게 큰 상처로 남았어요."

볼로그는 제2차 세계대전이 끝난 후 멕시코 정부를 도와 밀 생산을 개선하는 일을 맡게 되었다. 그 후로 16년간 6,000종이 넘는 밀 품종을 교배하였고, 바람이나 악천후에도 쓰러지지 않는 더 작고 강하면서 수확량이 많은 종을 개발하였다. 그는 멕시코를 가로질러 1,000 km 떨어진 두 재배 장소를 신중히 골라 계절 차를 이용해 해마다 더 많은 밀 교배종을 시험하였다. 그는 풍부한 경험을 바탕으로 식물 병원균을 노련하게 다루며 늘 질병에 강한 품종을 만들어냈다. 드디어 1963년, 멕시코에서 재배하는 밀의 95%는 볼로그의 손에서 탄생한 품종들을 기반으로 하였고, 생산량은 6배나 증가하였다.

같은 시기에 인도에서는 작물 생산량이 곤두박질치고 있었다. 파키스탄과의 전쟁을 하던 1965년과 이듬해 비하르(Bihar) 지역의 가뭄 발생 이후로 작물 생산량은 대폭 감소하였다. 기근으로 수백만 명이 굶어 죽을 위기에 놓이자 인도 정부는 식량 안보를 개선할 방안을 찾아 멕시코에 조언을 구하였다. 이때에 볼로그는 이 일을 맡았고, 관료주의를 비롯해 수송, 금융과 문화 차이에 따른 많은 문제를 극복하면서 인도 대륙 기후에 맞게 특별히 선별된 씨앗 수백 톤을 인도로 보냈다. 그 과정에서 그의 밀 씨앗이 로스앤젤레스에서 인종 차별로 촉발된 와츠(Watts) 폭동으로 항구에 발이 묶이기도 하였다. 마침내 씨앗이 도착한 뒤에도 방역 과정에서 과하게 소독되고 싹이 잘 안 나는 등 문제가 있었지만 볼로그의 씨앗은 대성공을 거두었고 너무 많이 생산된 곡물을 학교 교실에 저장하면서 여러 학교가 휴교하는 사태까지 벌어졌다.

볼로그는 1960년부터 계속해서 최빈개발도상국들의 밀 수확량을 약 2.5배 증가시키며 '녹색 혁명(Green Revolution)의 아버지'로 알려지게 되었다. 그는 1970년 자신이 노벨 평화상을 받았다는 소식을 멕시코시티 외곽에 있는 실험 현장인 톨루카 밀밭에서 연구하던 중에 듣게 되었다. 그가 평생 연구하는 동안 10억 명이 넘는 사람들이 굶주림에서 벗어날 수 있었다고 추정된다.

산업혁명 초기에 전 세계 인구가 77억 명에 달할 수 있다는 생각은 터무니없었을 뿐 아니라 두렵게 느껴졌었다. 세계 인구는 1804년에 10억 명에 지나지 않았고, 가축도 상대적으로 얼마 되지 않았다. 거기에 67억 명이라는 인구가 추가적으로 지구에 툭 떨어지고, 가축 수십 억 마리까지 더하면 모든 생태계는 완전히 파괴되었을 것이다.

표 3. UN 세계 인구 전망: 2019년 개정, 중앙값 추정치[50]

인구가 2배로 느는 기간	연도	인구 수
	1600	500,000,000
204년	1804	1,000,000,000
123년	1927	2,000,000,000
47년	1974	4,003,448,151
51년	2025	8,110,000,000
111년	2100	10,880,000,000

그러나 215년 전 페루산 새똥(구아노)이 전 세계에 사용되기 시작하면서 우리는 용케도 인구 수를 2배로 자꾸자꾸 늘려갔다. 총 네 차례나.

지난 40년간 인류는 여러 가지 방법으로 수십억 명의 사람들을 가난에서 구해내고, 그 어느 때보다 많은 아이를 교육시키고, 기근을 줄이며, 몇백 년 전 부족함 없이 귀하게 자란 황제조차 꿈꾸어보지 못했을 호사를 누리는 전 세계 중산층을 조성하였다.

실제로 지구는 인간이 저지른 막대한 환경 피해라는 짐을 지고 고통 속에 허덕이고 있다. 그러나 좋은 소식은 이토록 위대한 '인구 2배 늘리기 기적'을 다시 일으킬 필요가 없을지도 모른다는 것이다. UN이 예측한 바에 따르면 전 세계 총 인구 수는 2100년에 109억 명으로 절정에 달할 것이 예상된다. 심지어 이 숫자에 도달하지 않을지도 모른다고 시사하는 지표들도 많다. 스웨덴 통계학자 한스 로슬링(Hans Rosling)은 아동 생존율이 개선되고 기본 의료가 제공되고 여성에게 교육이 이루어지면 전체 출생률이 훨씬 낮아진다는 것을 보여주었다.[51]

지난 400년 동안 인간은 무지, 배고픔과 빈곤을 이겨내기 위해 세상을 몇 번이고 개조해왔다. 우리는 앞으로 교육과 의료를 통해 그 업적을 키워가며 지구를 죽이지 않고도 세상에 식량을 공급하는 과제를 해결할 수 있다.

식물이 사용하는 햇빛의 양은 모든 인간 에너지 생산량의 몇 배를 넘어선다. 게다가 지구에는 지금보다 식물이 훨씬 많이 살 수 있고, 최고조에 달한 인구에게 식량을 제공하기 위한 광합성 생물량의 생산을 늘리는 데 이용할 햇빛은 차고 넘친다. 생산성 증진은 남아 있는 생물 다양성과 자원을 없애지 않는 방식으로 이루어져야 한다. 그게 옳은 일일 뿐 아니라 우리가 하나의 생물 종으로서 번영을 누릴 거의 유일한 방법이다. 함께 쓰는 지구라는 행성에서는 관심사도 함께하기 때문이다.

우리가 식량을 마련하고 싶으면 나머지 생명체들에게도 식량을 마련해주어야 한다.

야생 동물이 중요한 이유

이제 나쁜 소식 차례이다. 지구 미래에 대한 회의론자들이 주장하듯이 사람들이 지구를 학대하고 더럽히고 있다는 점은 바로 인정한다. 자동차를 몰고, 플라스틱을 쓰레기통에 그냥 던져버리고, 포장 음식을 주문하는 등 우리는 살면서 매일 목격하고 있다. 환경 재해를 알리는 뉴스는 끊이지 않는다. 우리는 파괴되고, 오염되고, 이로 인해 사라진 숲, 바다와 진기한 동물을 다룬 자연 다큐멘터리를 각종 매체를 통하여 본다. 우리가 이미 멸종한 동물들과 같은 길을 갈 수도 있다는 생각이 들 수밖에 없다. 매머드(mammoth), 검치호(sabre-tooth tiger), 구이덕(geoduck) 조개, 아메리카사자, 다이어울프(dire wolf)와 거대 나무늘보는 마지막 빙하기에서 살아남지 못했는데, 인간이 살아남아 이들을 죽였기 때문일 것으로 보고 있다. 인류는 몸을 따뜻하게 유지하기 위하여 이 동물들을 사냥하고, 먹고, 가죽으로는 옷을 만들어 입었다. 살아남은 큰 포유동물은 대부분 토끼, 늑대, 고양이 등으로 이후 사람 손에 길들여지면서 애완동물이나 가축으로 길러졌다.

〈그림 7〉은 인간이 지구상에 존재하는 야생 동물에 끼친 영향을 요약한다. 앞서 4장에서 〈표 2〉를 만든 이논 바온과 그의 팀은 화석 기록과 포괄적 계통 추론에 기반하여 인류가 많아지면서 야생 동물 생물량의 총량이 82.5% 줄어들었고,

이는 오늘날까지 이어지며 결국 인류를 파멸로 이끄는 치명적인 동향이라고 평가하고 있다. 그렇다고 우리가 모든 동물을 파멸에 이르게 한 것은 아니다. 그림에서 볼 수 있듯이, 오늘날 전 세계 가축은 10만 년 전 야생 동물보다 탄소량이 2.5배 더 많다. 거기에 인간의 생물량인 탄소 0.06기가톤도 있는데, 이 수치는 인류가 활동하기 시작했을 때인 마지막 빙하기 이후 야생 동물의 총합보다 50% 더 많다. 오늘날 인간과 동물 생물량의 총합은 인류의 탄생 이전보다 4.2배 더 커졌다. 다른 말로 하면, 우리는 자연계로부터 어마어마한 가치를 뽑아내어 가축과 인간이라는 동물 탄소로 전환해온 것이다.

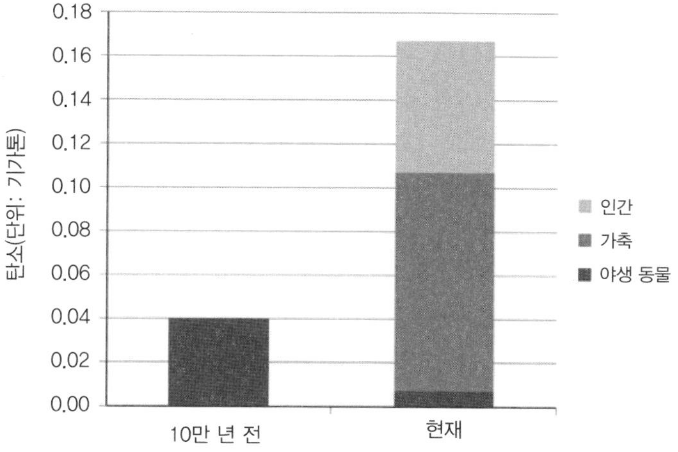

그림 7. 현재와 비교한 10만 년 전의 전체 동물 생물량. 이것으로 인간이 야생 동물을 희생시키고 가축을 사육해서 총 동물 생물량을 늘려왔다는 것을 확인할 수 있다.[추가 참고 문헌(Bar-On et al. 2018)에서 수정됨][52]

우리는 거대한 육상 포유동물 대다수를 사냥하고 죽인 다음, 바다에 있는 동물에게로 관심을 돌렸다. 지난 19세기, 초창기 미국의 가정과 공장을 밝히는 등유를 얻기 위해 수만 척의 배가 고래를 사냥하였다. 허먼 멜빌(Herman Melville)의 소설 『백경(Moby Dick, 1851년 출판)』은 유독 한 고래만 미친 듯이 뒤쫓는 에이해브(Ahab) 선장에 관한 이야기이다. 사람들은 멜빌이 '수증기를 내뿜는 물고기'로 묘사하며 멸종 직전까지 사냥당한 이 종의 생물학적, 생태학적, 그리고 생활방식에 관해 아는 바가 거의 없었기 때문에 책을 읽는 게 너무 당혹스러웠다.

내가 어릴 때만 해도 고래잡이 기술에서 진보를 이루는 것은 산업 진전의 신호나 다름없었다. 수중 음파 탐지기로 고래를 추적하면서 강력한 포경포에서 화약으로 폭발성 작살을 발사하고, 작살을 맞은 고래는 공모선에 끌려와 그 위에서 거대한 전기톱으로 조각조각 썰린다. 폐에서 피가 분수처럼 터져 나오며 필사적으로 도망가는 고래들의 모습을 담은 다큐멘터리가 나오자 사람들은 격렬하게 항의하였고 고래를 보호하기 위해 아주 느리게나마 국제 규제 조약이 마련되었다(그 결과 1986년부터 상업적 고래잡이가 금지되었다-옮긴이).

사람들이 수십 년 동안 '고래 살리기'를 요구해왔지만 한편으로 수산 자원은 계속해서 압력을 받고, 과하게 포획되고, 파괴되었다. 환경 의식이 강한 사람들 중에도 몸에 좋고, 소화가 잘 되며, 오메가3가 풍부하고, 저렴한 생선을 즐겨 먹는 사람들이 많다. 우리는 야생 어류를 보충하기 위해 양식업을 시작하였다. 실제로 오늘날 양식되는 생선의 총량은 야생에서 잡힌 생선을 넘어선다. 현재 양식 생선은 대부분 조업으로 잡힌 생선으로 만든 어분을 먹으며 살을 찌워간다. 우리는 조상들이 그 맛있는 매머드에게 했던 행동과 똑같은 방식으로 야생 동물이라는 마지막 막대한 자원을 계속해서 사냥하고 집어삼키고 몰살시키고 있다.

대형 어선단은 우리가 수렵채집인 출신임을 일깨워주면서 주로 그 나라의 박력을 보여주는 상징이 되기도 한다. 이들은 각 나라 정치 지도자들로부터 엄청난 보조금을 받거나 확실한 지위를 인정받고 있다. 지금도 점점 줄어드는 어획량 때문에 줄어드는 일자리를 지키겠다고 지금까지 발명된 가장 정교한 기술을 사용하며 막대한 에너지가 영토권을 방어하는 데 투자되고 있다. 이미 여러 곳에서 이런 현상이 나타나는데, 대표적인 예가 바로 참치의 어획량 감소이다. 일본의 TV 프로그램에서는 희귀성 때문에 경매가가 높아지고 최고가의 물고기를 잡은 사람을 축하한다. 참치 한 마리가 경매에서 310만 달러에 팔리면 신문에 기사가 나고, 투자자들은 가장 좋은 생선을 구매해 초저온 냉동고에 보관해놓고 가격이 더 오를 날을 기다린다. 저금리와 저수익률 시장에서, 수요가 많은 종이 멸종하기를 기대하는 것은 수익성이 나쁘지 않은 사업이다. 이처럼 얼마 남지 않은 바다의 웅장한 최상위 포식자를 잡아먹는 소재는 언론에는 좋은 이야깃거리이고, 투자자들에게는 좋은 사업 아이템이다. 마치 지구상에 마지막 남은 치타를 쏘아죽이거나, 코뿔소 고기 선물에 투기하거나, 도도새(인도양의 한 섬에 살았던 큰 새-옮긴이)를 먹는 것과 유사하다. 아! 잠깐. 도도새는 벌써 다 잡아먹었구나.

한편으론 특정 종의 멸종이 큰 그림 안에서 볼 때 그다지 중요하지 않고, 어차피 광합성과 별 관계가 없다고 주장할 수도 있다. 그러나 우리 인류의 생존에 관심이 있다면 다른 종의 생존에도 깊이 관심을 기울여야 한다. 환경이 파괴되고 다른 동물이 멸종하는 가장 큰 요인이 서식지 감소이기 때문이다. 야생 동물들이 보기 힘들어지거나 멸종되면 그것은 우리가 농업, 도시와 산업 생산을 위한다는 명목으로 지구에서 가장 생산성 있는 생태계에서 얼마나 많은 자원을 착취하고 있는지 보여주는 척도가 된다. 그리고 무엇보다 선박 항로, 밭과 도로를 만들기 위해 산호초 서식지, 열대 초원과 삼림을 파괴하면서 탄소를 흡수하는 시스템들도 함께 파괴되고 만다.

빙하기의 반대

지구상에 생명이 탄생한 이래로 햇빛을 받아들여 생물량을 생산하는 능력은 빙하기를 제외하고는 대체로 증가하였다. 인류가 등장하기 전까지는 그랬다.

사람들은 지구를 빙하기와는 반대 방향으로 데려가고 있다는 것만 제외하면 빙하기만큼이나 탄소 순환에 영향을 많이 끼친다. 대기 중으로 가열 기체를 계속 퍼트리는 동안에 우리는 이런 배출물을 흡수하여 균형을 맞추는 지구의 능력을 떨어트리고 있다.

우리는 미친 속도로 열대 우림을 파괴하고 있다. 습지대에서 물을 빼내고 말려서 새로운 밭을 만들고 있다. 삼림지를 태워 비료를 만들거나 목장과 작물을 위한 공간을 만들고 있다. 공업항이나 새우 양식장을 건설하기 위해 맹그로브 숲과 산호초를 없애고 있다. 산업이나 농업에서 나오는 유출수를 형편없이 관리하여 자연적인 굴 서식지와 강어귀를 파괴하고 있다.

지금 나열한 환경 파괴 목록은 우리에게 익숙한 만큼 피할 수 없고 되돌릴 수 없을 것 같아 보인다.

〈표 4〉는 다양한 서식지에서 1년간의 순 1차 생산량(NPP), 즉 환경에서 제거되어 생물량으로 저장된 탄소의 순량을 나타낸다. 미국 생태학자 피터 스틸링(Peter Stiling)은 1996년(우리가 위성을 사용하기 전)에 지난 몇 년간의 육상 기반 NPP 평가를 활용해 자료를 집계하였다. 위성이 특정 맹그로브 늪이나 강어귀의 상세한 생물량은 놀라울 만큼 정밀히 측정하지만 이러한 생태계들이 서로 어떻게 다른지, 특히 농경지와는 어

표 4. 연간 순 1차 생산량(NPP)으로, 1996년까지 생태계 유형별로 매년 면적 1 m^2당 고정되는 탄소의 양을 g으로 나타냄($g/m^2/y$).[53]

생태계 유형	면적(10^6 km^2)	평균 NPP($g/m^2/y$)
열대 우림	17	2,200
열대 계절 우림	7.5	1,600
온대 상록수림	5	1,300
온대 낙엽수림	7	1,200
냉대림	12	800
삼림 및 관목 지대	8.5	700
사바나	15	900
온대 초원	9	600
툰드라와 고산 지대	8	140
사막 및 반사막	18	90
극한 사막과 빙상	24	3
농경지	14	650
늪과 습지	2	2,000
호수와 개천	2	250
먼바다	332	125
대륙붕	26.6	360
조류층과 암초	0.6	2,500
강어귀	1.4	1,500

떻게 비교되는지 설명하지 못하기 때문에 스털링의 자료는 매우 중요하다.

문제는 〈표 4〉에 실린 매우 생산성 있는 자연 서식지들이 생산성이 떨어지는 곳으로 바뀌고 있다는 것이다. 산업과 도시가 거침없이 발달해가면서 우리는 전체 NPP를 억지로 뒤바꾸고 있다.

예전에 탄소를 흡수하였던 중요한 땅들이 이제는 순 탄소 배출지가 되었다. 생산성 높은 서식지는 대부분 농경지로 교체되고 있다. 현 농업 방식에서는 평균 1년에 1 m^2당 고작 탄소 900 g을 고정하고 있다. 예전에 숲이었던 시절에는 연간 탄소 2,200 g을 제거하였다.

다른 말로 하면 세상에 식량을 공급하겠다면서 우리는 가장 비옥한 환경을 생산성이 떨어지는 장소로 전환하고 있다. 우리는 지구의 광합성 능력을 계속 떨어트리고 있는데, 우리 배를 채우기 위해서는 광합성이 모든 먹이사슬의 출발점이라는 사실을 알아야 한다. 우리는 매일 천연자원을 낭비하고, 자연 서식지가 스스로 재생하지 못하도록 방해하였고, 그 결과 동식물 할 것 없이 많은 종이 사라지고 있다. 우리는 올해의 식용 작물을 늘리는 대가로 수천, 수만 년을 이어온 생태학적 풍요를 날려버리고 있다.

인간의 산업, 주택, 농업, 그리고 오염은 현재 가장 높은 산의 목초지, 가장 추운 지방, 가장 깊숙한 숲까지 마수를 뻗치고 있다. 그 와중에 인류 발전이라는 손가락은 마지막 빙하기 이후로 상호 연결된 환경을 안정시켜왔던 자연의 안전 장치를 풀고 있다.

〈표 4〉를 좀 더 유심히 살펴보자. 거기에는 농업에 사용되

지 않는 반쯤 언 툰드라 800만 km^2가 있다. 수만 년 동안, 강인한 북극 고산 식물들은 여름 동안 탄소를 흡수해 생물량을 축적하였다. 작은 식물들은 자라면서 탄소를 서서히 축적하였고 죽은 다음에는 그 자리에서 얼었다. 그러다가 1970년대에 움직임이 뒤바뀌기 시작하였다. 호수와 토양이 녹으면서 생물량이 분해되어 이산화탄소와 메탄을 내뿜었고, 상황이 역전되며 과거 탄소를 흡수했던 광활한 육지가 탄소를 배출하기 시작하였다. 메탄 방출이 중요한 이유는 향후 수십 년간 메탄이 이산화탄소보다 대기 온도를 50% 추가로 높일 것이기 때문이다.

미국 에너지부(Department of Energy) 산하 오크리지 국립연구소(Oak Ridge National Laboratory)는 '환경 변화에 따른 가문비나무 및 이탄지 대응(Spruce and Peatland Responses Under Changing Environments, 줄여서 SPRUCE)'이라고 불리는 북쪽 지역 이탄지 생태계 연구를 다년간 실시하였다. 이탄지(탄화가 덜 된 석탄인 이탄이 퇴적된 지역-옮긴이)는 육지 면적의 3%를 차지한다. 세심하게 통제되는 보호 구역에서 폴 핸슨(Paul Hanson)과 그의 팀은 온난화가 조금만 심해져도 이탄지가 전반적으로 건조해지며 기존에 탄소 집결지로 작용하던 곳이 궁극적 탄소 배출지로 탈바꿈한다는 사실을 밝혀냈다.[54]

앞서 설명했듯이 빙하를 먼지투성이로 만든 화산재와 빙설조류의 진화로 우리 행성이 '슬러시볼 지구(Slushball Earth)'

상태에서 벗어날 수 있었다. 오늘날 눈과 얼음 위에 내려앉은 검은 대기 오염 입자들은 과거 화산재와 햇빛 흡수 효과는 같지만 지금 우리는 빙하기에 있지도 않고 대기를 데울 필요도 없다. 우주로 다시 빛을 반사하는 알베도(albedo)도 감소하여 지구의 추운 지방에서 얼음이 녹는 속도가 빨라지자 과학자들을 뜬눈으로 밤을 새운다. 뉴질랜드 빙하에는 2020년 초에 호주에서 발생한 산불 때 발생한 분진이 바다를 건너 날아와 쌓였고, 이 연갈색을 띤 분진은 얼음이 녹는 속도를 높였다. 북극 빙하가 사라지면서 그 아래 노출된 짙은 바다는 햇빛을 더 많이 흡수하며 결국 얼음을 더 빠르게 녹이고 있다. 북극이 더 따뜻해진다는 말은 툰드라가 더 따뜻해진다는 뜻이며, 이는 산불을 더 많이 일으키며 얼음을 검게 만드는 그을음이 더 많이 생긴다는 뜻이고, 이 그을음은 또다시 얼음을 녹인다.

온난화, 화재와 부실한 토지 관리 같은 부수적 영향도 대기 중의 이산화탄소를 흡수하는 환경 시스템의 능력을 떨어트리고 우리를 '한계점'에 치닫게 만들고 있다. 한 번 한계점에 도달하면 우리가 부주의해서 생긴 파괴적 결과를 더는 어찌해볼 도리가 없다. 배출 감소만으로 온난화와 환경 악화를 누그러뜨리기는 불가능할 것이다.

우리는 연이은 악순환에 이미 시동을 걸었고 환경 악화는 점점 더 심해진다. 가난한 농부들이 갈수록 먼 지역으로 염소를 몰고 가서 풀어놓으면 염소들은 돌아다니며 관목과 덤불을 딸려나오는 흙과 함께 우적우적 씹어 먹는다. 초목이 사라지면 그곳에 있는 흙은 다음 호우 때 씻겨 내려가 농부들에게 더 큰 가난과 절망을 안기며 악순환이 이어지고 있다.

브라질에서는 아마존의 파괴를 허용하는 것이 선거에서 승리하기 위한 확실히 증명된 정치 전략이다. 내가 이 글을 쓰고 있는 지금도 목장을 만들기 위해 땅 고르기 작업을 한다며 열대 우림을 빠른 속도로 태우고 있다. 우리는 얼마 안 가 숲을 태울 만큼 태워버리며 나무가 비를 만들지 못해 소에게 먹이를 충분히 주지 못하게 될 것이다. 작물 심기, 소 몰기와 금 찾아 땅 파기 등 동기가 무엇이든 익숙한 행동 뒤에는 항상 자연환경 파괴가 등장한다. 먼저 길이 난다. 그다음으로 더 넓은 지역에 땅 고르기 작업을 하기 위해 이 길에서 여러 작은 길이 뻗어나가며 네트워크를 이룬다. 나무들이 쓰러지고, 그 땅이 생산을 멈추면 우리는 나무를 더 잘라낸다.

아마존에 있는 부도덕한 목장주들의 축 처진 어깨 위로 재앙의 책임을 얹기 전에, 이른바 환경 의식이 강하다는 선진국에 사는 우리는 그중 우리 몫의 책임을 받아들여야 한다. 마트에서 카트를 밀고 다니며 미적으로 완벽해 보이도록 수축 포장된 농산물을 고르고, 소비자의 선호에 따라 생김새가 비뚤어진 채소나 크기가 작은 사과는 동물 사료에나 제격이라고 여기는 우리 모습을 떠올려보자. 미국 소비자들은 1960년대에는 소득의 18%를 식비로 썼다. 지금은 거의 절반밖에 안

된다.[55] 이런 추세는 전 세계에서 나타난다. 우리는 돈을 덜 쓰면서 더 많이 먹기를 바라지만 한편으로는 우리가 사는 것 대부분을 낭비하며 버리고 있다. 이번 장 초반에 등장한 것과 같은 농업의 기적은 많은 사람을 비만으로 이끌었다. 지난 1960년 이후로 세계 인구와 식량 생산은 2배 이상 늘었다. 그와 함께 비만 인구도 영양실조에 걸린 인구를 넘어섰다.

인간의 몸을 값싼 칼로리로 채우는 이 같은 과정은 산업형 농업이 생태계를 좌우하도록 만들며 지구를 변화시킬 만큼 끔찍한 결과를 낳았다. 질소를 암모니아 비료로 고정하는 하버의 기술을 사용하는 것 자체가 이산화탄소 배출의 가장 큰 요인이다. 농경지에서 이 비료가 분해되면 웃음 가스로도 불리는 이산화질소가 대량으로 발생하는데, 이 가스는 이산화탄소보다 태양 에너지를 더 많이 흡수하고, 향후 100년간 이산화탄소보다 대기 온도를 높일 가능성이 298배나 높다.

합성 비료를 사용하고, 개선된 농업 생산 기술을 활용하며, 다수확 품종을 개발한 것만으로 지난 60년간 농업 기적이 이루어진 것은 아니었다. 기적을 이룬 화학적 핵심 요소는 바로 농약 개발이었다.

씨앗, 밭, 가축 사육장, 가공 공장과 음식물 쓰레기에는 배고픈 생명체가 수도 없이 꼬이기 마련이다. 곤충, 균류, 세균, 바이러스, 연체동물, 새와 설치류는 먹이가 급격히 풍부해진 상황에서 하나같이 자기 지분을 찾고 싶었다. 아일랜드 대기근 같은 재앙은 '감자역병균'으로 더 잘 알려진 파이토프토라 인페스탄스(*Phytophthora infestans*)라는 균류(곰팡이)의 일종이 원인으로, 페루에서 구아노를 싣고 온 배를 통해 아일랜드로 유입되었을 것으로 추정된다. 이미 77억 명의 인구를 부양하는 우리의 현대적이고 기계화된 대규모 농업은 곤충, 식물, 균류, 벌레와 달팽이를 죽이기 위한 화학 약품, 즉 살충제, 제초제, 살진균제, 살선충제와 살연체동물제를 사용하지 않는다면 불가능한 일이었다. 설령 우리가 마지막 남은 숲까지 모조리 베어버리고 모든 자연보호 구역을 농경지로 만들어도 농약과 화학 비료 없이는 오늘날 우리가 소비하는 식량을 생산할 충분한 땅을 얻지 못한다. 식량 생산 중 해충 때문에 평균적으로 손해 보는 양은 1960년대 이후로 해마다 생산량의 약 24~40%에 이르는 것으로 추정된다. 농약을 안 썼다면 손실률은 34% 내지 37% 더 높았을 텐데,[56] 이는 27억 명의 인구를 굶주리게 만들 수 있는 양이다.

문제는 화학 농약이 자연 곳곳을 파괴하고 특히 남용되면 걷잡을 수 없다는 점이다. 아트라진(atrazine)이라는 제초제는 하도 널리 퍼져 광범위하게 사용되는 탓에 남극 대륙의 눈송이에서도 흔적을 찾을 수 있을 정도이다. 농약을 무분별하게 사용하는 브라질 같은 세계적 곡창 지대에서는 전 지역사회가 이미 오염되었다. 아래에 학교가 있어도 비행기로 화학 약품이 살포되었다. 더 적은 양으로 더 많이 생산하라는 가차

없는 압박 속에 전 세계 농부들이 생산을 산업화하면서 발생하는 화학적 피해와 남용 문제는 너무나도 많다.

농약 사용을 전적으로 금하기가 현실적으로 불가능한 것처럼 농작물 등 여러 식물을 수분(꽃가루받이)하기 위해 필요한 곤충을 전멸시킨 것도 역시 큰 실수였다. 예를 들면 벌의 개체 수가 급격히 감소하자 대규모로 농작물을 기르는 농부들은 벌집을 트럭에 싣고 먼 거리를 이동하여 (보통 화학 약품이 안개처럼 뿌려진) 단일 경작지를 수분하게 한 다음 벌에게 꿀도 아니고 설탕을 먹이로 공급하는 방식을 사용하고 있다. 곤충들은 대체로 전 세계에서 빠르게 감소하는 추세이며, 이는 다른 동물에게 연쇄적으로 영향을 끼친다. 예를 들어 자기 새끼에게 벌 등 곤충을 먹이는 참새들의 개체 수가 극적으로 줄어들었다.

가장 비옥한 농지 중 거의 대부분에서 곡물 수확량이 더는 증가하지 않는다. 여기에는 토양이 유실되고, 소금기가 축적되고, 도시가 확산하고, 또 물이 부족해지는 등 많은 이유가 있다. 우리는 토양을 재생하고 작물을 수분하는 자연의 귀중한 질서를 너무 자주 망치고 오염시키고 있다. 그렇게 환경뿐 아니라 식량을 생산하는 우리 자신도 스스로 파괴하고 있다.

몇천 년 전까지 아라비아 반도의 '공백 지대(Empty Quarter)'로 알려진 룹알할리(Rub'al Khali) 사막은 호수, 무성한 초목과 물소들이 가득하였다. 현재 건조하고 활기라고는 찾기 힘든 이 사막은 우리가 알고 있는 가장 생산성 있는 땅도 언젠가 이렇게 변할 수 있다고 경고한다. 바다, 숲과 빙하의 운명이 과거에서 이어져 온 우리와 상관없는 일이거나, 미래에 있을 그저 하나의 가능성에 불과한 일이 아니라는 것을 우리에게 전하고 있다. 우리가 위성 영상으로 환경 변화의 영향을 추적 관찰하고, 결과를 알려줄 데이터 모델링을 연구할 수 있는 지금도 환경은 망가지고 있다. 파괴 행위는 여러분이 이 문장을 읽는 순간에도 벌어지고 있다.

정치도 중요한 이유

이제 우리는 어떻게 해야 하는가? 사람들을 굶주리게 놔두면서까지 자연 생태계를 우선순위에 두는 것은 터무니없고 비인간적이며 부당하다. 노먼 볼로그는 연구를 통해 기아는 막을 수 있고, 농업 강화 조치는 다른 조건이 같다는 전제하에 더 많은 인구를 먹여 살릴 수 있다고 증명하였다.

그러나 다른 조건은 항상 같지 않다. 기근은 대부분 미숙한 정책 선택 때문이다. 베네수엘라처럼 석유가 풍부하고 숲이 우거진 나라에서 어떻게 수백만의 사람들이 굶주릴 수 있을까? 우리가 알고 있는 지식과 우리가 하는 행동 중에는 완전히 자리 잡아 널리 실천되는 수많은 오류가 있다. 오늘날 각 나라의 정부는 환경을 착취하는 보호무역주의적 이해관계를 이용하는 한편, 보조금과 비생산적 규제를 이어가며 지속 불가능한 농업 관행을 조장하고 있다.

영국에서는 대규모로 들새를 몰살하는 것이 농업과 사냥 등 관광지를 보호하는 데 적절한 조치라고 여겨진다. 그와 동시에 수백만 마리에 달하는 유럽 젖소들은 매일 1달러씩이나 보조금을 받는 한편, 개발도상국에 사는 10억 인구는 하루에 1달러보다 적은 돈으로 먹고 산다. 전 세계 농업에 사용되는 15억 마리의 소들은 마리당 70~120 kg 정도의 메탄[57]을 배출하는데, 이는 향후 20년간 이산화탄소의 84배 만큼 대기 온도를 높일 가능성이 있다. 만약 소들이 모여 나라를 이룬다면 그곳은 세계 메탄 오염국 성적표에서 중국과 미국에 이어 3위를 차지할 것이다. 문제가 너무 심각하다 보니 많은 연구팀이 메탄 배출을 줄이거나 멈추기 위해 소의 소화관에 서식하는 미생물체를 바꿀 방법을 검토하고 있다. 그중에는 소에게 소화관 미생물의 일부를 줄이는 해조류를 먹이거나, 제왕절개로 태어난 깨끗한 송아지에게 대체 세균을 주입해 메탄을 생성하는 소화관에 서식하는 미생물을 바꾸는 방법 등이 있다.

사우디아라비아는 해마다 빙하기 때 축적된 물 40 km^3를 자국 내 사막의 엄청난 면적에 뿌리고 감자와 알팔파를 재배해 냉난방이 되는 축사에서 지내는 소에게 사료로 공급한다. 그리고 농작물을 동물 사료로 전환하지 않을 것이라면 차라리 자동차에 쓸 저렴한 연료(바이오 연료-옮긴이)로 만들어버린다. 사막에 도시를 짓고 나서 에너지 집약적인 냉난방 시스템을 설치해야 한다고 말한다. 전에 없이 큰 차를 몰고, 더 자주 더 멀리 여행을 다닌다. 항공사들은 코로나19 이전과 같은 양의 탄소를 대기로 다시 내뿜을 수 있도록 필사적으로 노력하고 있다.

그리고 이걸로도 부족하여 우리는 1년에 수조 달러를 화석 연료 산업에 보조금을 주고는[58] 정치인들이 지속 가능한 대체재를 개발할 만한 자원이 없다고 불평해도 그냥 놔둔다. 해롭다고 알려진 비재생성 자원의 사용을 촉진하고 격려하는 데 해마다 엄청난 돈을 투자한다. 과거의 나쁜 산업 관행을 비난해보았자 아무 소용이 없다. 지금도 지구와 우리 자신에게 같은 일을 반복하고 있을 뿐이다. 석유 생산은 여전히 늘고 있고 적어도 앞으로 10년간은 계속 증가할 전망이다. 전 세계에서 화석 연료에 지원되는 보조금은 금전적 혜택에 화석 연료로 발생하는 환경 피해를 합한 것으로, 한 해 5조 2,000억 달러에 달한다.[59] 지속 가능한 기술에 5조 2,000억 달러를 쓰는 세상을 상상해보라. 그것도 해마다.

그러나 모든 인간 활동에서 탄소를 그럭저럭 제거하였다고 해도, 우리는 지금의 환경 문제들을 해결할 수 없다. 탄소 발자국을 줄이는 것에 더하여, 배출한 탄소를 재흡수하는 지구의 능력도 반드시 개선해야 한다.

그러려면 기존 농지를 더 효과적으로 사용하면서도 우리 주변의 미경작지와 자연계를 보호함으로써 공기 중으로부터 탄소를 회수하고 산소를 생성하며 동식물을 부양해나가야 한다.

나일 강 계곡에서는 관개 작업 후에 1차 생산량이 매년 m^2당 탄소 1,200~1,500 g으로 증가했는데, 이는 세계 어느 곳보다도 NPP 비율이 높은 수준이다. 이 같은 개선은 과거 연간 홍수량을 계산하고 계절에 맞추어 다른 작물을 심었던 농업 방식에서 벗어나, 현명하게 이모작을 시행하고 비옥한 나일 삼각주 토양에서 한 해에 여러 번 수확하는 등 여러 현대 농업 기술이 결합한 결과물이다. 아쉽게도 이는 예외적인 경우[60]지만 이로써 앞으로 이런 일이 가능하고 성공할 수 있다는 것이 증명되었다.

맹그로브 숲을 망가트리고 숲을 무너트리고 토양을 고갈시키는 것처럼 파괴적이고 지속 불가능한 농업 관행을 장려하고 자금을 지원하는 대신, 공공 환경 보조금으로 쓰일 7,000억 달러라는 세계 연간 예산이 비농지 개발 지원에 더 효과적으로 사용될 수 있도록 해야 한다. 식량 및 토지 이용 연합(Food and Land Use Coalition)은 2019년 보고서를 통해 보조금의 아주 일부만이라도 변경된 목표에 사용된다면 '매년 약 5조 7,000억 달러라는 사회적 수익을 발생시킬 수 있다'[61]고 발표하였다. 토지 이용 변경만으로 인류 건강이 증진되고,

지방 인구의 소득이 늘어나고, 1억 2,000만 개의 지방 일자리를 창출하고, 생물 다양성이 개선되는 등 사회·경제적 이익이 발생하며, 동시에 12억 헥타르가 자연으로 복원된다. 이제부터라도 화석 연료 보조금과 같은 엄청난 파괴적 관행에서 방향을 돌려 지속 가능한 부를 점차 늘려가는 사회를 상상해 보자.

인류는 세상을 완전히 바꾸어놓고, 고통을 줄이고, 생활수준을 개선하고, 더 오래 살면서도 식량이 바닥나지 않을 만큼 영리하다고 직접 증명하였다. 그러나 그 와중에 우리는 어마어마한 양의 탄소를 대기 중에 배출하였고 스스로 재생하는 지구의 역량을 파괴해왔다. 우리가 이산화탄소 배출을 하루라도 빨리 극적으로 줄여나갈 필요가 있다는 것은 두말할 필요가 없다. 그러나 그것만으로는 충분치 않다. 이 혼란을 바로잡기 위해 우리 생태계의 능력도 강화해나가야 한다.

다행히 우리는 어떻게 해야 할지 알고 있다. 광합성은 지구를 만들었던 것처럼 다시 지구를 구할 수 있다.

CHAPTER 6

광합성이 세상을 구하는 법

결론: '우리에게 무슨 이익이 있는가'

인간은 지구 이야기에서 서사적 영웅이자 악당 중의 악당이다. 이 이야기를 영화로 만든다면 줄거리에서 확실한 국면은 인간이 길을 걷다가 갈림길에 도달한 시점일 테고, 여기서 어디로 가느냐에 따라 우리의 진정한 운명이 결정될 것이다. 우리가 지구의 번영과 다음 세대의 목숨을 담보로 단기간에 성장을 이루고, 물질적 풍요에서 위안을 얻고, 경제적으로 이득을 보는 쪽을 택하며 악의 편이 승리하도록 둘 것인가? 아니면 햇빛과 생명이라는 지구의 근원에서 도움을 받아 세상을 구할 것인가?

지금까지 더 많은 식량을 기르고, 탄소를 포집하는 전반적인 광합성 생산량을 증가시킬 뿐 아니라 지구에서 생물 서식

공간과 생물학적 활동량을 늘리기 위한 생물학적 해결책을 간략히 설명하였다.

우리는 지구의 미래에 대한 이야기가 흘러나올 때마다 정책 입안자와 경제학자들이 내쉬는 초조한 한숨 소리가 배경음악으로 깔린다는 사실도 알고 있다. 그들이 묻는다. 그 비용을 전부 누가 낼 거냐고. 그들은 나무를 1조 그루 심으려면 특별한 품종의 나무가 필요하다고 말한다. 바로 '마법의 돈'이 열리는 품종이다. 정책 결정자들은 세금을 더 많이 내길 원하는 사람이 거의 없다는 것이 그 증거라며 여론 조사나 선거 결과를 들먹이고, 생산자들이 폐기물을 책임 있게 처리하도록 할 장려책이 어째서 거의 없는지 설명한다. 그들은 지구 구하기가 그저 '지구 희생시키기'일 수 있다고 우려한다.

이런 식의 비꼬는 말에 우리의 모든 자원과 우리 모두의 삶은 지구로부터 받은 값을 매길 수 없는 선물이라고 대응하면 나아질 것은 아무것도 없다. 대신 이 논쟁에서 이길 방법은 재생 가능한 자원을 창출하고 더 많은 식량을 제공하는 것으로 어떻게 새로운 일자리와 부가 만들어질 수 있는지를 증명하는 것이다. 결국 사람들은 자신이 소중하다 여기면 잘 관리하려 하고, 비현실적이거나 비경제적이라고 여기면 소홀히 하기 마련이다.

인정사정없는 자본가에게 우리가 오로지 생태계와 경제라는 2개의 선택지만 있는 게 아니라고 보여줄 수 있다면 어떨까? 광합성이 세상 모든 생명과 우리에게 필요한 식량과 산소의 근원이 된다는 것 외에도 우리 경제를 회복시키고 어쩌면 투자자들을 더 부유하게 만들 열쇠라는 사실을 증명하면 어떻게 될까?

그러려면 첫 단계는 우리가 지금까지 해온 행동을 앞으로도 이어갈 때 우리가 입게 될 손해에 값을 매기는 것이다.

니콜라스 스턴(Nicolas Stern) 경은 2006년에 영국 정부를 위해 탄소 오염의 경제적 영향을 평가한 700페이지짜리 보고서를 썼다.[62] 그는 우리가 아무런 조치도 취하지 않고 이대로 살아간다면 세계 경제는 5% 더 침체될 것이고, 탄소 오염으로 치러야 할 비용은 20% 증가할 가능성이 있다고 결론을 내렸다. 이는 전반적으로 인간의 생산성을 사정없이 추락하게 만들 만한 어마어마한 숫자이다. 경제적 가치의 5% 감소는 4조 4,000억 달러에 달하는 손실을 의미하며, 이는 해마다 코로나 대유행이 터지는 상황에 맞먹는 경제적 충격이다. 추가 비용인 20%는 미국 경제 전체를 붕괴시킬 수 있는 규모에 해당한다. 중요한 것은 스턴 보고서에서 이 문제를 시장 실패(market failure, 자원 배분이 제대로 이루어지지 않는 현상-옮긴이)로 접근했으며, 행동을 바꾸는 적극적이고 신속한 조치로 교정될 수 있다고 판단하였다는 것이다. 스턴은 탄소 집약적 활동에 값을 매기는 것을 기준으로 새로운 세금과 경비를 부과하여 배출을 줄이는 비용을 세계 경제의 약 1%로 제한할 수 있다고 주장하였다.

예상대로 스턴 보고서가 발표된 후 여러 이익단체와 업계 로비스트들은 온갖 비난을 쏟아냈고, 경제 전문가들은 연계 매매로 발 빠르게 손실에 대비하였으며, 평소보다 더 얼버무린다 해도 핑계조차 필요 없는 정치인들은 그저 망설였다. 보고서가 등장한 이후로 10년이 지난 2016년, 스턴은 싸움판에 돌아와 당시 피해 규모를 평가할 때 자신이 오히려 너무 보수적이었다고 밝혔다. "뒤늦게 깨달은 것이지만," 그가 말을 이어갔다. "내가 위험 요인을 과소평가하였다는 것을 이제야 깨달았다. 나는 무대책의 대가에 관하여 보고서에서 언급했던 것보다 더 강하게 피력했어야 하였다."[63]

스턴 보고서 이후 자그마치 57개에 달하는 다양한 탄소가격제(carbon pricing initiative)가 지역, 국가, 나아가 초국가 차원에서 시행되고 있다.[64] 이들 중 어느 것도 완벽하지 않고, 지역 상황은 계속해서 변할 것이다. 각각 거래된 시기에 따라 배출된 이산화탄소의 가격은 톤당 15달러에서 80달러 사이에서 논의되고 거래되고 있다. 여러 접근법이 검증되고 있다는 점은 좋은 일이다. 세금으로 확보한 자원을 소득, 계층, 세대와 사회의 탈탄소화로 손해를 본 사람들에게 공정하게 배분하기 위해 다양한 방법이 평가되고 있다. 건물을 하나 지을 때 시멘트 1톤당 80달러의 추가 비용이 드는 동시에 탄소를 비축한 것으로 목재 1톤당 80달러가 입금된다면 이 건축의 경제성이 어떻게 변할지 생각해보자. 시멘트는 곧 친환경 재료로 대체되고 거의 하룻밤 사이에 목조 건물이 새롭게 대유행을 맞을 것이다.

탄소경제학이 중요한 또 다른 이유가 있다. 예를 들어 마다가스카르의 한 농부에게 가장 시급한 문제는 '자식들을 어떻게 먹여 살릴 것인가'이다. 그가 숲을 태우는 것을 멈추려면 환경을 더 아낄 마음이 들 만큼 장려책이 필요하다. 탄소를 저장하거나 자연을 개선하는 행동의 가치는 그 영향을 가장 많이 받을 사람들에게 소득으로 연결될 수 있는 값어치가 있어야 한다. 그리고 이를 실현하려면 경제가 작동하는 방식을 바꾸어야 한다.

그러나 현재 사용되는 가치 혹은 비용 측정에 문제가 있다. 배출된 탄소의 톤수를 나타내는 숫자들은 매우 중요하고, 사람들도 조금씩 이해해가고 있지만 상상하거나 체감하기 어려울 만큼 위압적이고 인간미가 없다. 그리고 우리가 지금껏 봐온 것처럼 아무리 탄소 배출을 줄여야 한다지만 그것만으로는 지구의 균형을 맞추기에 충분하지 않다.

다시 말하면 환경에 피해를 입히는 행동 비용을 측정하는 것은 공기, 신선한 물, 식량 생산, 의료용 허브, 즐길 거리와 같은 지구의 모든 자원이 지닌 가치가 무엇인지 알아내는 것과는 다르다. 사업하는 사람들은 항상 이렇게 묻는다. '그래서 결론은 무엇인가?' 이 질문에는 답하기가 매우 어렵다고 이미 알려졌다. 경계선은 어디까지로 할까? 담수는 UN 환경 프로그램 세계보존모니터링센터(UN Environment Programme World Conservation Monitoring Centre)에서 권고한 대로 73조 4,800억 달러의 가치가 있는가?[65] 이 경우 남극 대륙의 얼어붙은 고원이나 그린란드의 대륙 빙하는 가치가 얼마나 될까? 염소 한 마리에게 식량을 제공할 작은 관목과 이 관목을 수분시키는 벌 한 마리가 있는데, 어떤 도마뱀이 그 벌을 잡아먹고 어떤 거북이는 그 관목을 쉼터로 쓰는 이런 생물 먹이망 체제에는 가격을 얼마나 매겨야 할까? 실제로 우리가 쉬는 호흡 하나하나에는 어떤 가치가 있을까? 그 가치는 나이에 따라 달라질까? 런던 동물학회(London Zoological Society)와 세계자연기금(World Wildlife Fund)은 자연이 해마다 125조 달러 규모의 경제 활동을 뒷받침한다고 추정한다. 호주의 산호초 지역인 그레이트 배리어 리프(Great Barrier Reef)만 해도 일자리 6만 9,000개를 지원하며 57억 달러의 가치를 지닌다.[66] 한편 영국 다큐멘터리 채널 BBC 어스(Earth)는 자체적으로 실시한 지구 지수(Earth Index) 평가에서 비버 한 마리가 습지를 관리하고 삼림을 구축하며 연간 12만 달러의 가치를 제공하는 동안, 쇠똥구리 종은 구멍을 파서 동물의 배설물을 묻음으로써 땅의 영양 품질을 향상시키며 한 해에 약 3억 8,000만 달러 가치의 일을 한다고 전하였다.[67]

확실한 숫자가 무엇이든, 인간이 개인 혹은 집단으로 벌

수 있는 그 어떤 액수보다 자연은 더 큰 가치가 있다는 것에 이의를 제기할 사람은 없을 것이다. 땅, 서식지와 생물 종을 잃는다는 것은 부의 창출을 좌우하는 바로 그 땅, 서식지와 생물 종을 파괴하는 것이다. 황금알을 낳는 거위를 멸종시키는 것과 흡사하다. 다시 말해 누가 보더라도 아주 멍청한 계산법이다.

우리는 모든 생명체가 이루어놓은 공적에 딱 맞는 가격을 매길 수 없다고 하더라도 측정법이 중요하다는 데에는 동의할 수 있어야 한다. 제대로 측정만 할 수 있다면 투자자, 정책 입안자와 기업은 바뀌어야 할 점이 무엇인지 알 수 있고, 우리는 그들이 어느 부분에서 책임져야 하는지 따질 수 있다. 이런 오랜 속담이 있다. '측정이 씨가 된다'라는. 우리가 측정하는 것이 씨가 되어 우리를 풍요롭게 할 것이다. 살아 있는 세계를 측정하는 것이 그 세계의 생존을 보장하는 최선의 방법이 될 수 있다.

문제는 자연을 측정하겠다는 여러 단체마다 약칭이 있어서 다루고 있는 사안을 이해하기가 오히려 어렵다는 점이다. 예를 들어 WMO(World Meteorological Organization, 세계 기상기구)는 GCOS(Global Climate Observing System, 전 지구 기후관측시스템)를 운영하고 50개의 ECVs(Essential Climate Variables, 핵심 기후 변수)를 제시하였다. 한편 우리는 원격탐사 위성으로 볼 수 있는 초목(혹은 우리 회사 연못에 있는 조류)의 양을 나타내기 위해 NDVI(Normalized Difference Vegetation Index, 정규식생 지수) 값을 인용한다. 이것으로 모자라면 수관층(canopy)에서 잎이 차지하는 면적이 얼마나 되는지 나타내는 무차원량(dimensionless quantity)이자 LAI(Leaf Area Index, 엽면적 지수)로 알려진 값은 어떤가?

다행히도 이 모든 값을 아우르고 그 외 정보까지 담고 있는 한 가지 통합 지수가 있다. 바로 순 1차 생산량(Net Primary Productivity), 즉 NPP이며, 앞부분에서 이미 다루었다. 이 수치는 광합성의 가치와도 일치하는데, 광합성 없이는 사실상 생명도 생태계도, 하물며 경제도 돈도 사람도 존재하지 않을 것이다.

NPP는 일정 기간 동안 단위 면적당 무기 영양분에서 만들어진 유기 생물량의 순 생산량이다. 이것이 바로 산호초와 사막 주변부를 비교하고, 나무를 기를 때와 가축 방목으로 토지를 사용할 때의 가치를 비교할 수 있게 해주는 측정법이다. 우리가 탄소를 토양 속에 가두고, 건축 재료 속에 묻거나 폐석유 저장 탱크에 저장한다면 이러한 변화들도 같은 측정법으로 검사할 수 있다. 우리는 비닐봉지 하나를 재활용하는 탄소 영향력과 자작나무 한 그루가 성장할 때의 탄소 회수량을 대조할 수 있다. 우리가 세상 어디에서 무엇을 연구하든 각 m^2의 생물량이 1년에 흡수하는 탄소의 양을 무게 단위인 그램(g)으로 나타내는 하나의 통일된 측정법을 사용할 수 있다.

NPP는 또 다른 중요한 장점이 있다. 비교적 측정하기 쉽다는 점이다. 실제로 측정하는 법은 매우 간단하다. 예로 한 나무가 얼마나 성장했는지는 각기 다른 시점에 자를 들고 나무의 높이만 측정하면 된다. 석사나 박사 학위가 필요하지도 않다. 재는 법도 쉽고 정서적으로 다가가기도 쉽다. 우리는 모두 1 m^2의 크기를 마음속에 그리고 그 안에 생물량이 얼마나 있는지 추정할 수 있기 때문이다. 우리는 그저 얼마나 많이 길러야 할지 알아낼 수 있다.

무엇보다 NPP를 통해 광합성을 측정함으로써 탄소세를 산출하고, 토지 이용 변화를 위한 계획을 세우고, 탄소 배출과 탄소 흡수가 등호를 사이에 두고 균형을 맞추기 위한 공통 기준을 얻는다. 이 수치를 사용하면 벌목하는 양보다 나무를 많이 심는데도 환경 운동가들에게 비난받는 어떤 벌목 회사가, 어마어마한 양의 에너지를 사용하면서 상대적으로 수확량이 적은 친환경 '도시형 수직 농장(vertical city farm)'보다 훨씬 환경 친화적이며 지속 가능하다는 사실을 알 수 있다. 순 1차 생산량에서 '순'은 한 가지 결정 사항이 미치는 영향을 평가함으로써 탄소 투입과 탄소 배출이 모두 포착된다는 의미이다. 그 덕분에 우리가 강철의 가치를 목재, 콘크리트, 혹은 유리와 관련지어 생각할 수 있다. 순 1차 생산량을 m^2로 측정하게 되면 작은 국가와 거대 국가의 탄소 경영 실적을 서로 비교할 수 있다.

유일한 문제는 용어 그 자체이다. '순 1차 생산량'이란 표현은 손가락 사이로 빠져나가는 모래만큼이나 감을 잡기 어렵다. 광합성을 측정하는 것이 육지와 바다라는 섬세한 세상과 우리를 다시 연결하는 시작점이 되어야 한다. 그래서 누군가는 크게 비웃을지 모르지만 나는 광합성 측정값을 '활력도 단위(Vitality Unit)'라고 명칭을 바꾸고 ViU라는 약칭으로 줄여 사용할 것을 제안한다. 고집 세다고 소문난 벌목꾼도 산업용 조림지에서 벌목하는 방식을 가늠해가면서 활력도를 최대치로 끌어올릴 수 있고, 무미건조하기로 이름난 회계사도 활력도 단위에 가격을 매기거나 알맞은 자극제를 가릴 방법을 찾아내어 생물량 증가를 촉진하고 더 친환경적이고 더 푸르고 더 생산성이 있는 투자 전략을 세울 수 있을 것이다.

지금부터 우리 환경에 미치는 영향을 누그러트리고 지구에 활력을 되찾게 하는 방법을 몇 가지 소개하려 한다.

여기에는 초자연적 힘이나 획기적 과학 기술의 전환, 혹은 천문학적 액수의 돈이 필요하지 않다. 그렇다고 우리가 수도자들이 고행할 때 입는 옷을 입고 맨발로 돌아다녀야 한다는 의미도 아니다. 앞으로 소개할 내용은 대부분 이미 증명된 사례들이다. 이중 다수는 현재 다양한 사업에서 새로운 일자리와 부를 창출하고 있다. 그리고 이 사례들은 모두 훨씬, 아주 훨씬 많은 광합성 능력으로 지구의 활력도와 전 세계 NPP 수준을 끌어올리고 있다.

더 큰 작물과 목초지 관리

지난 몇 년간 소규모 신규 농업 기술 업체, 대학 연구소와 산업 생산자들이 한자리에 모여 이미 경작 중인 토지에 더 많은 식량을 기를 방법을 연구하였다. 정부의 장려책과 세금 우대 조치라는 혜택을 받기 위해 기업가들의 투자 물결이 농업으로 밀려오고 있다. 원격탐사 위성 전문가들은 밭에서 경작이 부진한 부분을 그냥 두지 않고 '정밀' 농업을 개선해나갈 수 있도록 도움을 주고 있다. 로봇공학 과학자들은 수확량을 늘려가면서도 농약과 비료의 살포를 줄이는 방법을 찾고 있다. 자료는 차곡차곡 쌓여가는 중이고, 인공지능은 가장 알맞고 결실 있는 식물을 파악하기 위하여 이용되고 있다.

비옥한 땅이 새롭게 돈을 창출하는 데에도 기름진 땅이라는 사실을 금융 지원 단체, 창업 지원 회사, 투자 기금, 엔지니어링 회사와 연금 기금 등이 인지하면서 농업 기술이 크게 주목을 받고 있다. 역사적으로 보면 석유와 가스 탐사는 당시 가장 영리한 지질학자들과 원자력으로 무장한 뛰어난 물리학자들을 끌어들인 한편, 금융업계는 수학의 귀재들을 독차지하였다. 그러나 한때 시대에 뒤떨어진 분야로 간주되던 농업대학이 최근 몇 년간 가장 뛰어난 인재들을 불러모아 '농업용 사물인터넷(Internet of Agricultural Things)'을 이용하며 마이크로파와 레이저를 사용한 '군집 농장(swarm farm)'으로 '디지

털 농업(digital agriculture)'을 발달시키고 있다. 사람들은 새로운 경제적 기회와 산업 전략이 개발되어 들뜬 와중에도 작물 및 토양 보호, 동물 복지와 농업 정밀공학 등을 의미하는 난해한 약칭을 보면 말문이 막혀버린다.

우선순위에 두고 해결해야 할 문제 중에는 곤충을 대하는 우리의 딜레마가 있다. 우리는 농작물을 축낼지 모를 그 어떤 존재라도 몰살시키겠다며 수십 년간 화학 약품을 의도적으로 사용하였다. 수백만 톤에 이르는 농약을 사용하는 이 방식으로는 새, 박쥐, 양서류와 같이 직접 농약을 섭취한 많은 생명체의 목숨에 위협을 가하는 것은 물론, 식물을 수분시키는데 결정적 역할을 하는 곤충들도 죽게 하였다. 다른 말로 하면 훗날 우리 식량을 재배하는 데 기여하고 야생 동물에게 먹이를 제공하는 데에도 필요한 작은 생명체를 죽이는 위협을 무릅쓴 것이다. 다행히도 현재 과학은 농업을 지키기 위해 새롭고 나은 방법을 개발하고 있다. 나방이나 개미의 관심을 작물에서 멀어지게 하는 자연적 페로몬을 이용한 실험들이 매우 효과적이다. 생물학자들은 인간에게 덜 해롭게 하기 위해 해충의 면역 체계를 조작하고 있다. 딱정벌레가 감자 줄기를 소화하지 못해서 더는 먹고 싶지 않게 유전자를 방해하는 야외 시험이 현재 진행 중이다. 전통 방식에도 관심이 쏟아지고 있는데, 그중에는 뿌리를 좀먹는 벌레들이 가까이 오지 못하도록 콩과 식물 근처에 악취가 나는 마리골드를 심는 방법도 있다.

시급하지만 엄청난 기회를 품고 있어 앞으로 수십 년간 더 신경 써야 할 분야는 현재 비옥한 토양의 유실을 막는 것이다. 미국 중서부 주들은 지구상에서 가장 생산성이 있는 농업 지역으로 알려졌지만, 1850년대 이후 총 36 cm에 달하던 비옥한 표층토 중에서 거의 22 cm가 소실되었다.[68] 이곳의 토양은 수차례의 빙하기를 거치며 한때 산악 지대였던 곳에 양질토가 침전되어 전해 내려온 귀한 선물이었다. 그 토양의 2/3가 이미 유실되었고, 현재 속도로 계속 방치하면 토양은 2107년이 되면 모두 사라질 것이다. UN이 후원한 연구에 따르면 '지구의 땅 중 1/3은 심각하게 손상되었고, 비옥한 토양은 해마다 240억 톤이라는 속도로 유실되고 있다.'[69] 예상대로라면 정밀 농업처럼 개선된 농업 기술을 이미 시행해서 수확량을 늘렸을 프랑스, 독일, 영국에서 밀 생산량이 증가세를 멈춘 것도 이런 이유에서이다.[70]

좋은 소식은 더 적절한 농업 기술을 실천해 토양 유실을 막을 수 있다는 것이다. 옛날부터 사용하던 계단식 경작법이 좋은 예이다. 등고선 재배로 알려진 기법을 이용해 직선보다 곡선으로 심는 것도 토양 유실 방지에 도움이 될 수 있다. 배수로에 토사 유출 방지용 비닐막을 치거나 얕게 밭을 가는 것처럼 간단한 방법으로 여러 나라에서 수확량을 늘리고 토양을 개선해왔다. 감자와 콩과 식물을 같이 재배하거나 번갈아 재배하는 것도 토양 표면을 따라 흐르는 빗물과 유실되는 토양의 양을 줄이는 효과를 가져왔다.

우리는 무엇을 해야 할지 알고 있다. 개발 원조 프로그램은 경험과 모범 경영을 공유하는 데 도움이 된다. 중국과 브라질을 포함한 주요 생산국들은 뒤늦게 자국 농업에서 토양 유실(안타깝게도 이미 목격했듯이, 브라질은 자국에 속한 열대 우림을 파괴하며 비생산적인 모래땅도 만들어가고 있지만)을 관리하기 시작하였다. 좋은 성과를 내는 나라들도 있다. 에티오피아만 봐도 내한성 식물로 토양이 침식되는 것을 방지하면서 귀한 토지 700만 헥타르, 즉 7만 km^2를 회복시켰다.

중국의 황토 고원은 프랑스 면적에 맞먹는다. 고대 문명의 요람 중 하나이고, 500년 전만 해도 여전히 비옥한 지역이었다. 그러나 양과 염소를 지나치게 방목하고, 삼림을 파괴하고, 경사지에 작물을 심느라 그 지역에 있던 초목을 대부분 파괴해버렸다. 그 결과 어마어마한 양의 가벼운 표층토가 황허(Yellow River)로 씻겨 들어가며 이름 그대로 노랗게 변하게 되었고, 1994년에는 이 지역이 사막으로 선포되었다. 그 후 특별한 보수 프로젝트를 통해 강 유역에 연이은 계단식 경작지가 지어졌고 토사가 씻겨 내려가는 것을 막을 수 있었다. 이 경작지는 옥수수를 비롯한 채소들을 재배하는 데 사용된다. 가파른 계곡 경사지는 과수와 모래 언덕에 서식하는 풀이나 덤불을 심어 바람에 토양이 날리는 것을 막으며 안정되었다. 사막이었던 곳이 지금은 온실, 밭과 숲으로 뒤덮인 산비탈로 가득 차 2,000만 명 인구를 부양하고 있고, 그들의 소득은 3배나 늘었고 건강 상태도 좋아졌다.

때로는 구관이 명관이다. 전통적 농업 기술을 장려해 지역 사회와 환경에 모두 이득이 될 수 있다. 앞서 언급한 '검은 토양'인 테라 프레타는 아마존 유역에 2,500년 전에서 1,000년 전 사이에 형성되었고, 지금도 주변 지역에 비해 상당히 많은 작물을 수확하고 있다. 고대 아마존 사회에서는 목탄 재, 생선 뼈, 도기 조각, 식물질과 음식 쓰레기에서 나오는 유기 폐기물로 부락 주위의 땅을 일굼으로써 테라 프레타를 만들었다. 이는 수백 년 동안 농사를 짓고서도 비옥하게 유지되는 토양이 되었다. 인산염과 비료를 취급하는 대형 회사 중 일부는 이 토양을 연구해서 바이오차(biochar)로 알려진 농작물 폐기물과 그 외 유기물을 만들어 아프리카 토양을 개선하고 있다. 이로써 식량을 더 많이 생산하고 토양에 탄소를 더 많이 저장할 수 있게 되었다.

우리는 더 멀리 그리고 더 빨리 나아가야 한다. 수 세기 동안 농업은 늘어나는 인구에게 식량을 제공하기 위해 작물 수확량을 늘려야 한다는 목표로 점점 기계화, 산업화와 자동화를 하면서 변해왔다. 토양 유실과 염도, 저항성 질병들과 해충, 거기에 번갈아 오는 가뭄과 홍수는 현대 농업의 혜택을 모두 상쇄하고 있다. 우리는 기계화를 늘려도, 무기질 비료를 더 써도, 농약에 강한 작물을 재배해도 소용이 없는 지점에 도달하였다.

이제 농업을 산업화하는 대신, 더 나은 토지 관리법을 발전시켜야 한다. 대립적 상황을 만들거나 어렵다고 느낄 필요가 없다. 대형 마트는 이미 공급자들에게 일관되고 안전한 생산물을 재배하도록 권하고 있는데, 농부들이 밭 주위에 경계선과 울타리를 더 크게 만들어 숲과 농장을 분리함으로써 더 나은 농산물을 생산하면서 숲도 지키도록 주문하는 식이다. 대형 원자재 회사들은 미국 중서부의 비생산적인 땅을 버펄로(buffalo) 방목지로 탈바꿈시키면서 다시 야생의 상태로 만들고 있다. 대형 마트와 원자재 생산자들은 전 세계 농부들과 협조하면서 그들이 땅을 더 좋은 상태에서 지속 가능한 방식으로 사용하게 할 수 있다. 정부 장려책과 보조금은 토양 탄소, 토양 비옥도와 토양 호흡을 증가시키면서 지방에 새로운 일자리를 창출하는 사람에게 보상하는 것으로 다시 초점을 맞추어야 한다.

토양은 도시 한복판에서도 개선되어 쓰일 수 있다. 멕시코시티는 배출되는 모든 음식물 쓰레기를 높은 가치를 지닌 토양 탄소로 전환하려는 계획이 있는데, 이는 도시 쓰레기에서 나오는 배출물을 대폭 줄이고 미래에는 도시에 식량을 공급하는 데 이바지하게 될 것이다. 이와 유사한 취지로 다른 도시에서는 폐수 침전물을 강으로 흘려버리는 대신 인산염을 추출하고 있다. 도시 폐기물은 토지를 복구하고, 식량을 재배할 텃밭을 만들고, 도시 최악의 빈민가를 개선할 소중한 자원이 될 수 있다.

케냐 나이로비의 악명 높은 키베라(Kibera), 방글라데시 다카의 코라일(Korail), 에티오피아 아디스아바바의 예데케쿠 멘데로크(Yedekeku Menderoch)에서는 '확장된 도시 신진대사 모델(Extended Urban Metabolism Model)'로 임금이 가장 낮은 지역사회에서도 환경을 개선하기 위해 체계를 세울 수 있다는 것을 보여주고 있다. 인구가 1,450만 명인 중국 청두는 유출수와 열을 관리하며 지속 가능한 거대 정원으로 탈바꿈하고 있다. 싱가포르는 토양과 초목을 늘리면 홍수가 줄어들고 여름철에 도시가 시원해지기 때문에 옥상 농사를 홍보하고 있다. 이렇게 탄생한 도시 정원에서 다양하고 건강한 작물을 기르는 것으로 전 세계의 굶주림을 끝내지는 못하겠지만 분명 도움은 된다. 도시에서 재배되는 채소 농작물의 잠재적 생산량을 1억 8,000만 톤으로 어림잡는 연구 결과도 있다.[71]

농업 기술과 정부 정책, 그리고 시장 경제가 나서서 식량 재배에 필요한 에너지양을 줄이는 개선 작업에도 속도를 올리고 있다. 농작물 경작이 탄소 배출의 주된 근원으로 남아 있기는 하지만 유럽연합과 같은 상권에서 전반적 에너지 효율이 나아지고 있다.[72] 이렇게 된 계기는 에너지 소비가 더는 보조금 지급 대상이 아니기 때문이다. 따라서 자신을 절대 녹색운동의 일부로 생각하지 않았을 농부들이 재생 가능한 에너지를 더 많이 사용하거나 가축 분뇨를 바이오 에너지로 전환함으로써 비용 절감을 기대하고 있다. 유럽연합이 2015년에 발표한 보고서에는 버터, 오렌지와 올리브유 같은 기본 식품류를 생산, 가공, 운송, 포장, 소비, 처리하는 데 필요한 라이프 사이클 에너지(life cycle energy) 양을 간추려 나타냈다.[73] 이를 통해 경작지 1헥타르당 에너지 소비가 1990년 이후로 꾸준히 감소해온 것이 증명되었다.

암모니아 합성으로 인류는 인공비료를 얻었고 현대 문명에서는 많은 일이 가능해졌지만, 한편으로는 탄소를 어마어마하게 배출하고 화학업계에서는 암모니아 생산에 가장 많은 에너지를 소비하게 되었다. 예로 2016년에 생산된 암모니아 총 1억 7,500만 톤에서 각 톤당 이산화탄소가 2톤 배출되었다.[74] 그래서 새롭게 화학 분야의 성배로 떠오른 것이 엄청난 압력과 열이 없어도 암모니아를 생성하기 위해 질소를 수소에 결합시키는 방법을 찾아내는 것이다. 조사해보니 암모니아 생성에 물리적인 촉매 역할을 하는 미세한 탄소 촉매를 이용한 색다르고 창의적인 실험이 이미 진행되고 있었는데[75] 세균이 질소를 얻어내려 효소를 사용하는 방식을 모방한 것으로,[76] 더 낮은 온도와 압력에서 연쇄적 화학 반응을 일으킬 수 있다.[77] 누구든지 더 저렴한 비용으로 암모니아를 생산하는 확장성 있고 효율적인 방법을 찾는 데 성공하면 돈과 탄소 배출 두 가지 측면에서 떼돈을 벌 뿐만 아니라 다음 세기에 식량 생산을 지속 가능하게 만드는 데 크게 기여할 수 있다.

축산업에서는 환경 파괴를 줄일 수 있는 방목법을 찾는 것이 시급하다. 이 책이 광합성의 혜택과 매력을 극찬하는 책이다 보니 내가 축산 방식에 비판적 태도를 보인다 해도 그다지 놀랍지 않을 것이다. 어쨌든 염소, 소와 양이 길을 지나면서 초목을 우적우적 씹어 먹게 두는 방식은 이 동물들이 식물 생장을 촉진하고 있지 않다는 점을 분명하게 보여준다. 더 심각한 것은 동물들이 토양 침식을 막기 위해 심은 식물들을 먹어치우고 결과적으로 사막화를 부추긴다는 점이다.

육식을 즐기는 사람들이 소리치며 항의하기 전에, 나는 고기 생산에 반대하는 사람이 아니라고 미리 말하여 둔다. 사실 풀, 관목, 꽃, 이끼와 클로버가 자라는 목초지는 적절히 관리하면 건설적인 방식으로 생물 자원 순환에 기여할 수 있다. 풀 중에는 동물의 이빨을 견디도록 진화하고, 뿌리줄기를 이용해 지하로 뻗어서 자라는 생명력이 강하고 내한성을 띤 품종들이 있는데, 이들은 NPP 측면에서 매우 이로운 식물들이다. 대초원, 사바나와 풀밭은 지하 뿌리 체계의 생물 다양성과 복잡성 때문에 '뒤집힌 숲(땅속의 숲)'으로 묘사된다. 이곳의 내한성 풀들은 동물 무리가 먹이를 찾아 다른 장소로 가자마자 빠르게 다시 자라고 꽃을 피우고 씨를 맺을 수 있는데, 이 풀이 먹히고 동물 배설물로 배출될 때 섬유 세포 속 영양분이 이미 효과적으로 분해되어 있어 식물이 재흡수하기 좋게 잘 준비되어 있기 때문이다. 실제로 이러한 풀들은 동물들에게 뜯어 먹히는 편이 더 낫다. 그대로 바닥에 내버려진다면 이들의 나무 같은 줄기는 너무 높게 자라다 쓰러지며 토양을 덮고, 영양분을 가두고, 햇빛을 차단해서 이후 식물 성장을 방해할 것이기 때문이다. '방목되지 않은' 풀밭과 목초지는 동물들이 와서 풀을 뜯어 먹은 곳보다 NPP가 더 낮다. 이러한 비방목지는 효과적으로 관리되지 않으면 탄소 순 배출원(net carbon emitter)이 되기 쉽다.

현대 농업에서는 다른 것과 마찬가지로, 방목도 균형이 잡히고 적절하게 관리되어야 한다. 새로운 방식 중에 동물들을 24시간 동안 제한된 구역에 빽빽하게 몰아넣고 지키며 인근 방목터로 몰기 전까지 그 구역의 식물을 '반은 먹고 반은 남기도록' 하는 것이 제일 좋다. 이 방법은 카메라와 컴퓨터 칩으로 동물 떼가 뒤섞이는 것을 방지할 수 있어서 울타리가 있는 들판처럼 야생 생물 보호 구역이나 공유지에서도 효과를 볼 수 있다. 서부시대의 카우보이 같은 '동물 몰기'가 다시 최신 직업으로 떠오를지도 모르겠다.

통제식 방목은 토양 침식을 극적으로 줄일뿐더러 땅 위에 사는 종의 다양성을 향상시킨다. 모든 생물학적 체계와 같이 포식자들은 식물 생산성을 높인다. 곤충을 잡아먹고 토양에 질소를 제공하는 아주 작은 거미와 강에서 잡은 연어에서 나온 찌꺼기로 숲에 비료를 주는 아주 큰 곰은 모두 이에 해당한다. 옐로스톤 지역에서는 늑대들을 다시 들여와 그들의 피식자 개체 수를 억제하며 식물과 동물 사이의 물질 이동을 도왔다.

과학과 자연은 함께 우리의 땅을 바로잡을 수 있다. 우리에게는 토양 호흡이 다시 활기를 띠도록 수준을 측정하는 정밀 농업 기술자들이 있다. 매우 다양한 종류의 동물, 거미, 공벌레, 그리고 우리 경작지에서 살도록 허락만 해주면 한뜻으로 작물을 보호하고 우리에게 식량을 공급해줄 다양한 식물이 있다.

적극적으로 관리된다면 NPP를 증가시키고 더 많은 식량을 재배했을 초원이 전 세계에 2,600만 km^2나 있다. 어떤 곳에서는 양을 기르는 목축업이 성장 가능성이 없다고 여겨지며 목초지가 버려지고 있다. 사람들이 모직보다 합성섬유를 더 선호하기 시작하면서 해마다 영국 크기만 한 육지 면적이 자연으로 돌아가고 있다. 이는 커다란 기회이며, 훨씬 넓은 육지가 생산성이 높은 곡식을 경작하는 용도로 확보되거나, 다시 야생의 상태로 적절히 복원될 수 있다. 농부, 삼림 감독관, 소몰이나 양치기들은 환경의 파수꾼이 되거나 NPP 증가분을 측정하고 금전적 가치를 매기면서 소득을 챙길 수도 있다. 결정적으로, 이 모든 게 꽤 노동 집약적이어서 새롭게 많은 일자리와 수입을 창출하며 지구에서 빈곤한 지역의 형편이 나아지게 할 수도 있다. 예를 들면 영국에는 농부들이 자신의 땅을 야생 상태로 되돌려 펠리컨, 비버와 스라소니의 서식지를 만들게 돕는 와일드이스트(WildEast)라는 자선단체가 있다. 이 단체는 생산성 있고 다양한 생태계 속에서 살기 위해 보다 지속 가능한 방법을 찾으려 풀뿌리 참여 운동을 벌이고 있다. 앞으로 2050년까지 25만 헥타르의 땅을 '야생으로 돌려놓기'가 이 단체의 계획이다.

새로운 혁신 산물

돈을 벌자고 더 많은 소를 키우고, 그 소들을 키울 공간이 필요하다고 열대 우림을 태우는 것보다 더 현명한 방법은 새로운 농산물에 돈을 투자하는 것이다. 그것은 바로, 나무이다.

지구상에 최초의 나무가 자란 이래로 약 3억 8,500만 년이 흘러 이들이 생산하는 물질이 다시 관심을 받고 있다. 목재는 재생 가능할 뿐 아니라 실용적이고, 다루기 쉽고, 구하기도 쉽다. 재료과학 연구원들은 어떻게 하면 목재가 자동차, 옷, 심지어 생분해성 물질을 만드는 데 사용될 수 있을지 연구하고 있다. 대나무를 엄청난 압력으로 으깨면 불에 타지 않고, 단단하며, 기계로 성형할 수 있는 바닥재가 된다. 조립식 집과 상업 건물, 고층 타워와 우아한 북유럽식 건축 작품이 품질, 내구성, 그리고 안정성을 겸비한 새로운 형태의 가공 목재를 사용해 조립되고 있다. 영국 2부 리그 축구팀인 포레스트 그린 로버스(Forest Green Rovers)는 새로운 경기장인 에코파크(Eco Park) 전체를 목재로 짓고 있다.[78]

목재는 새로운 소재로 각광받고 있다. 철기시대 초기에도 이와 유사한 과정을 거쳤을 게 분명하다. 갈회색 폐석인 철광석이 이토록 쓸모 있으리라고 누가 상상이나 하였을까? 그러나 독창성과 실험성을 발휘하며 보낸 수 세기 동안 진보를 거듭하여 철광석이 교량에 사용되는 철골과 외과 수술용 메스로 사용되는 것을 보았다. 같은 방식으로, 목재도 구성 성분으로 작게 분해하고 가공하여 속이 들여다보이는 재료부터 플라스틱 대체재까지 온갖 제품을 만드는 데 사용되고 있다. 이러한 제품 중 일부는 아직 비용 대비 효과가 좋지 않지만, 목재 전문 연구 산업이 이미 만들어져 플라스틱, 금속과 유리보다 가볍고 다루기 쉬우며 또 재사용할 수 있는 물질을 만드는 연구가 진행되고 있다. 밀도를 높인 '슈퍼 우드(super wood)'는 강철만큼 강하면서 강철보다 6배 가볍다. 목조 건물은 냉난방 에너지를 10~30%나 절약한다. 나무가 수 세기 동안 탄소를 저장하는 역할을 얼마나 훌륭하게 해내고 있는지 제대로 언급하지 않아도 이 정도이다. 건축 분야만 놓고 보면 현대식 목조 건물에 연간 탄소 1,000만~6,800만 톤을 가두어 둘 수 있다.[79]

목재를 이용하는 새로운 산업을 기대하며 나무에 장기 투자하는 사람이 늘었고, 자원 관리자들은 숲을 조성할 새로운 장소를 물색하기 시작하였다. 숲을 소유하고 목재 관련 제품을 생산하는 회사들은 지속적 성장과 예측 가능한 수익이라는 관점에서 매료된 연금 기금, 공익 신탁과 대학교가 매수에 나서고 있다.

재정과 환경이라는 두 측면에서 나무는 다른 대체 작물보다 더 좋은 선택인 듯하다. 일부 투자가들은 이른바 BECCS라고 불리는 바이오 에너지 탄소 포집저장(Bioenergy Carbon Capture and Storage) 계획으로 수익을 내길 기대하고 있다. 이 계획이 성공하려면 유기 생물량을 재배하고 건조하고 태워서 에너지 생산을 하되 대기 중으로 재와 이산화탄소를 배출하지 않아야 한다. 임업이나 건축 자재 폐기물처럼 과잉 생물량이 있는 곳에서 BECCS는 유용할 수 있다. 그러나 이러한 계획이 농업과 경쟁하거나 생태계를 파괴함으로써 생산성 있는 땅을 희생하며 이루어지지 않도록 하는 것이 매우 중요하다. 흔히 옥수수와 에탄올로 만들어지는 바이오 연료는 사람들에게 식량을 공급하기 위한 땅을 다 써버리면서도 탄소 폐기물이 격리되거나 저장되지 않기 때문에 환경에 매우 좋지 않다.

가능한 한 모든 곳에 나무를 더 심자

보통 나무는 거대한 삼나무만큼 화면발이 잘 받거나 열대 우림의 나무만큼 생산성이 높지 않다. 그러나 그들도 모두 한몫을 해낼 수 있다. 툰드라의 기울어진 '술 취한(drunken) 숲'이나 사바나의 앙상한 관목들은 〈표 5〉에서 보다시피 여전히 수십억 톤의 생물량을 이룬다.

산업화 이전에 지구에는 나무가 6조 그루 있었다. 오늘날에는 그 수의 절반인 약 3조 그루가 남아 있다. 나무는 살아 있는 생물량 중에서 어마어마한 규모를 차지하며 탄소를 자

표 5. 위성 관측과 수천 개의 지상 검증을 기반으로 한 여러 생활권의 나무 수[80]

지역	숲의 유형	나무 수 (단위: 10억)	비율	지상 기반 관측
열대	열대 침엽수림	22.2	43%	0
	열대 건조림	156.4		115
	열대 초원	318		999
	열대 습윤림	799.4		5,321
북부	냉대림	749.3	28%	8,688
	툰드라	94.9		2,268
온대	지중해 삼림	53.4	25%	16,727
	산악 지대 목초지	60.3		138
	온대 활엽수	362.6		278,395
	온대 침엽수	150.6		85,144
	온대 초원	148.3		17,051
그 외	침수 초원	64.6	4%	271
	맹그로브	8.2		21
	사막	53		14,637
총 나무 수(10억 단위)		3,041.2		

그마치 2,796억 톤이나 저장한다. 나무는 여러 다른 생태계를 부양하고, 비를 만들고, 땅을 보호한다. 안타깝게도 우리는 해마다 평균 100억 그루를 파괴하면서도 나무를 다시 심지 않는다. 시베리아, 호주와 아마존에서 2019년에 발생한 산불 때문에 260억 그루가 넘는 나무가 연기 속으로 사라졌다.

이 같은 큰 피해도 되돌릴 수 없는 것은 아니다. 아프리카의 에티오피아, 부르키나파소, 니제르와 세네갈에서는 숲을 위한 천연 재생 프로젝트의 하나로 벌채목의 뿌리 주위에서 다시 싹이 난 묘목들을 키워가고 있다. 이 묘목들은 서아프리카에서만 새로운 나무 2억 4,000만 그루가 되었다. 숲이 주는 그늘과 은신처에 견과류, 과일과 장작 생산이 조화를 이루며 재식림(reforestation) 프로젝트는 독자적으로 잘 지속되어왔다. 물론 다국적 프로젝트는 외지고 가난한 나라에서 시행하기가 복잡하고 어렵다. 그러나 원격탐사와 다른 평가 도구들을 이용하면 지역 프로젝트의 네트워크를 충분히 지원할 수 있다.

과거 숲이었던 지역에 나무가 다시 자라게 하는 것 외에도 사바나, 반사막 지대, 도시, 도로 경계선과 공유지는 어마어마한 규모의 잠재적 조림 공간이다. 인도에서는 2016년 7월 11일 하루 만에 80만 명의 대규모 자원봉사자가 당시 기록적인 4,930만 그루의 나무를 도로와 철도를 따라 심었다. 이는 파리 기후변화협약에 따른 국가 공약의 일환으로, 2030년까지 9,500만 헥타르, 즉 국토의 약 29%에 나무를 다시 심는 계획이고 예산은 약 60억 달러이다. 에티오피아는 2019년에 3억 5,000만 그루의 나무를 하루 만에 심으면서 '녹색 유산'을 남겼고, 자국의 삼림 피복률(삼림으로 덮인 지역이 차지하는 비율-옮긴이)을 1890년대 35%에서 오늘날 4%까지 떨어지게 했던 흐름을 뒤바꾸며 인도의 기록을 깨트렸다. 삼림 손실의 절반은 1990년부터 2010년 사이에 발생하였다. 앞으로 계획은 지역 주도하에 잘 자랄 종을 선정하여 시민 한 명당 적어도 40그루의 묘목을 심도록 격려하여 총 40억 그루의 나무를 키우는 것이다.

산이 많은 작은 나라인 부탄은 녹은 빙하가 가파른 협곡 벽으로 쏟아져 내려오면서 발생하는 홍수로 주민들이 위협을 받고 있어 헌법으로 최저 삼림 피복률을 규정해놓고 앞으로 5,000만 톤의 탄소 배출을 상쇄하겠다는 목표를 세웠다. 부탄보다 훨씬 큰 이웃 국가인 파키스탄은 '100억 그루 나무 심기 계획(Ten Billion Tree Tsunami Programme)'이라는 이름으로 35만 헥타르에 나무를 심고, 이전에 훼손된 땅이 자연적으로 재생할 수 있도록 돕는 프로젝트를 시작하였다. 많은 나라가 향후 수십 년 동안 환경적 혜택을 만들어낼 묘목을 심기 위해 오늘 삽을 들고 일어섰다.

이 같은 프로젝트는 땅의 휴양적 가치를 개선하면서 새로운 일자리와 상업적 기회를 창출하고 있다. 나무는 수 세기 동안 자라면서 줄곧 자신이 포집한 탄소의 69%를 토양으로 돌려보낼 수 있다. 미국에서는 뉴욕 주가 직접 나서서 2030년까지 삼림 파괴를 종식하고, 노후되었거나 비생산적인 주변부 중 최소 3억 5,000만 헥타르 땅에 나무를 심겠다는 목표를 세웠다. 미국의 전 대통령인 도널드 트럼프도 세계 경제 포럼에서 제안된 1조 그루 나무 심기 계획(One Trillion Trees Initiative)에 참여하겠다고 약속하였다. 탄소 수지에서 손실이 이어지는 상황을 고려할 때, 우리는 목표를 더 크게 세워야 한다. 지구상에 있는 모든 인구가 앞으로 25년간 153그루의 나무를 심는다면 2050년 이전에 4조 그루에 이르게 될 것이다. 무릎이 안 좋은 여든셋 우리 어머니도 어떻게 해서든 해마다 약 1,100그루의 나무를 새로 키운다.

나무를 위한 공간은 차고 넘친다. 온대 초원, 반사막 지대, 그리고 사막의 2,700만 km^2 면적에서 지금보다 생산성을 높일 수 있다. 아프리카연합(AU) 주도의 거대 녹색 장벽(Great Green Wall) 프로젝트는 사하라 사막이 확장되는 것을 막기 위해 숲과 방목지로 이루어진 50 km 폭의 벽을 만들고 있다. 약 2,700만 km^2는 미국 면적보다 3배 더 큰 규모이다. 이 땅에서 평균 생산량이 m^2당 5 g만 높아져도 공기 중에서 회수되는 추가 탄소는 1억 3,000만 톤이 될 것이며, 이는 브라질의 연간 이산화탄소 총 배출량에 맞먹는다. 열대 우림은 NPP가 연간 m^2당 2,200 g이나 된다. 탄소를 더 많이 흡수하기 위하여 지구의 능력을 끌어올릴 가능성은 그야말로 엄청나다.

생태학자이자 지리학자인 장 프랑수아 바스틴(Jean-François Bastin)은 구글 어스(Google Earth)[81]를 이용하여 분석한 결과 '도시와 농업 지역에서 떨어진 곳에' 나무를 심을 수 있는 토지가 9억 헥타르가 있다고 주장하였는데, 이를 달리 표현하면 벌목되거나 척박하게 변하지 않았더라면 자연적으로 숲과 삼림 지대를 형성했을 900만 km^2의 땅이 있다는 이야기이다. 이곳은 나무 성장을 위해 준비된 땅이고, 만약 삼림이 조성된다면 늘어난 생물량 안에 탄소 200기가톤이 묶인다는 뜻이며, 이는 오늘날 대기에 있는 탄소 초과분의 2/3를 충분히 흡수할 만한 양이다. 바스틴의 연구는 7만 8,774개나 되는 서로 다른 시료 채취점을 기반으로 각각 해당 지역에서 어느 나무가 자연적으로 자라는지, 나아가 생태학적으로 어느 나무가 유용한지 선정하는 권고를 담고 있어, 지역 주민들이 정부와 기업에 관계없이 나무를 심는 결정을 쉽게 할 수 있다.

그렇다면 나머지 1,800만 km^2의 사막과 반사막 지대에서 더 많은 생물량이 자라게 하려면 우리는 어떤 일을 하여야 하며, 또 2,600만 km^2의 연안 해역을 개선하면 전 세계 NPP와 활력도에 무슨 일이 생길지 상상해보자. 요점은 지구에는 바다, 도시, 경작 및 비경작지 등 광합성 주도하에 오늘날 우리가 생산하는 것보다 더 많은 생명력을 만들어낼 수 있는 장소가 엄청나게 넓게 존재한다는 사실이다(우리나라는 UN이 선정한 '제2차 세계대전 이후 산림 복원에 성공한 유일한 국가'이다–옮긴이).

해안 사막의 녹지화와 그 외 바닷가 이야기들

사우디아라비아 사막이나 리비아의 쿠프라(Al Khufrah) 오아시스를 녹색으로 물들이는 프로젝트는 훌륭한 이야기로 들리지만, 고액 보조금을 받는 농장에 필요한 담수를 공급하기 위하여 연간 258억 m^3에 이르는 빙하수를 사용하는 것이 지속 가능하지도, 효율적이지도 않다는 사실을 깨닫는다면 달리 들릴 것이다.

그렇지만 사막에서 '바닷물'을 이용해 식량을 생산하는 것은 매우 다른 문제이다. 나는 학문적으로 집요하게 파고들었던 조류와 광합성 연구로 사업을 시작하면서 지난 10년 동안 이 문제를 우리가 해결할 수 있음을 증명하고자 노력하였다. 우리 회사는 해안 사막을 가능한 한 가장 생산성 있는 땅으로 전환하는 일을 추구하고 있다. 현지 미세조류를 배양하는 개방 연못으로 바닷물을 퍼 올려 양식 사료와 채식주의자용 달걀흰자 대용품과 같은 고부가가치 제품과 약제 신호 분자와 같은 치료용 화합물을 만든다. 투입되는 자원은 거의 공짜이다. 연못에 비싼 이산화탄소나 영양분을 쏟아붓는 대신, 바닷물에 자연적으로 들어 있는 인산염, 질산염과 이산화탄소를 영양분으로 사용하기 때문이다. 현지 조류를 연중 내내 배양해서 주기적으로 해안 증식할 때처럼 자연스럽게 자라도록 한다. 우리가 사용하는 에너지는 전적으로 풍력과 햇빛으로 만들어졌고, 그 결과 우리의 탄소 발자국과 물 발자국(제품의 생산부터 폐기까지 사용되는 탄소와 물의 총량-옮긴이)은 누구도 능가할 수 없을 정도로 적다.

여기까지 오는 내내 참 힘들었다. 현재 우리 본거지는 중요 물품을 공급받을 수 있는 가장 가까운 도시에서 540 km나 떨어져 있다. 모래 폭풍을 수차례 얻어맞았고, 해수 수송관은 두 번이나 해안가로 떠내려갔다. 잘못될 수 있는 모든 일이 일어났다. 그럼에도 불구하고 남아프리카에서 작은 플렉시글라스(Plexiglas) 연못 몇 개로 작업하기 시작한 회사는 오만에서 면적을 260배 키웠고 모로코에서는 거기에서 다시 15배 성장하였다. 비결은 늘 단순하였다. '자연이 주는 것을 사용할 것' 이것 하나이다. 연못이 커질수록 운영은 더 안정되었다. 사막 상황에 완벽하게 적응한 현지 조류를 배양함으로써 기온이 6℃ 밑으로 내려가며 추워지는 남아프리카의 겨울이든 50℃가 넘는 지독히 더운 오만의 여름이든 관계없이 우리는 원하는 것을 반드시 생산하였다. 지역 환경을 최대한 활용하는 법을 아는 현지 주민들과 함께 일하는 것도 우리의 또 다른 비밀이다.

이전까지는 생산성이 전혀 없던 땅에서 일자리는 말할 것도 없고 1차 생산량까지 만들어내는 역할을 하는 것이 바로 '부가 용량(additive capacity)'이다. 배양지에서 조류는 필요한 탄소를 바닷물에서 흡수하고, 그 결과 바닷물의 산성도는 낮아져 어류 양식에 활용할 수 있다. 연구실 수준의 안전성과 안정성을 최대한 활용하였고, 여기에는 큰 장점이 있다. 공터에 배양지를 만들고 배관으로 깨끗한 바닷물을 끌어올 수 있는 한 우리는 조류를 무제한으로 배양할 수 있다.

이보다 야망이 더 큰 사람들도 있다. 아나스타샤 마카리에바(Anastasia Makarieva)와 빅터 고르시코프(Victor Gorshkov)라는 페테르부르크 핵물리연구소(Petersburg Nuclear Physics Institute) 출신의 두 러시아 물리학자는 스스로 비를 만들어내는 새로운 해안림을 조성하고 있다. 이들은 분석[82]을 통해 해안림이 어떻게 구름 형성을 촉발하여 더 많은 숲 성장을 자극하고 육지로 해양 대기 수분을 보내는 선순환을 시작할 수 있는지 보여주었다. 이 같은 새로운 숲은 사막에 담수를 제공하고 탄소를 흡수할 뿐 아니라 해안 지대를 홍수, 가뭄, 허리케인과 토네이도로부터 보호할 수 있다.

이들의 독창적 논문이 2010년에 공개된 이후로, 새로운 대기 모델들이 시험대에 올랐다. 이제 사람들은 넓은 해안림이 바다 수분을 더 깊숙한 내륙으로 끌어당기며 사막화를 방지하고, 생산성 있는 농지를 만들고, 기온을 낮추고, 많은 지역을 더 살기 좋게 만들고 있다고 생각한다. 이런 과정을 시작하려면 담수를 충분히 확보해야 하는 등 난관이 분명 존재한다. 그렇지만 해결할 수 있는 난관이다. 세계에서 가장 큰 담수 처리 공장이 정확히 이런 난관을 해결하고 물을 생산하기 위해 현재 모로코에서 건설되고 있다. 이 공장은 현지에서 생산된 신재생 에너지로 가동된다.

기존 작물의 내염성(소금기에 강한 성질)을 향상시켜 질 낮은 토양에서도 자랄 수 있게 만드는 계획도 다양하다. 가시배선인장(prickly pear cactus)은 널리 알려진 사막 작물로 내염성을 가지고 있고, 물이 거의 필요 없으며, 아주 메마른 땅에서도 살 수 있다. 테킬라의 원료인 푸른 용설란(blue agave)은 사막 지대에서 귀한 생물량을 만들어내는 동시에 박쥐나 꽃가루 매개 곤충에게 먹이를 제공하고 토양을 비옥하게 만들 수 있다. 대왕참나무(pin oak), 쥐엄나무(honey locust), 연필향나무(eastern red cedar) 같은 나무들은 비교적 소금기가 있는 경작 한계지에서 재배된다. 불법적으로 양귀비를 재배하는 아프가니스탄의 농부들이 공공 설비를 전혀 사용하지 않고 태양 에너지를 이용해 사막의 넓은 지역에 물을 대어 생산성 높은 땅을 만든 것을 보면 놀랍다.

그러는 사이에 세계 곳곳의 대도시와 농업 용지로 쓰이는 삼각주를 포함해 많은 해안 지역은 해수면 상승으로 위협을 받는다. 효과적인 홍수 방지 시설을 건설한 경험이 세계에서 가장 많은 네덜란드는 이번 세기에 해수면이 2 m 이상 상승

할 수 있다는 위험에 직면하며 국토의 넓은 면적을 포기할 준비를 하고 있다. 그렇지만 맹그로브 숲, 산호초와 굴 서식지와 같은 자연 시스템이 해안 지대를 안정화하고 폭풍으로부터 해안을 보호하며, 생태계를 본연의 상태로 되돌려놓을 수 있다. 해수면이 상승하더라도 많은 지역에서 이 자연 시스템들은 빠르게 적응하여 성장하며 해안의 보호 기능을 제공할 수 있다. 산호가 재성장하는 것보다 더 빨리 물속에 잠길 것이라고 우려하는 과학자도 많지만, 적어도 지금까지는 누구도 건드리지 않은 산호초의 성장 속도가 해수면 상승 속도보다는 빠르다. 굴 서식지는 해안 보존뿐만 아니라 새로운 땅을 만드는 데 필요한 퇴적물을 가둘 기회도 제공한다.

여기에서 맹그로브 숲 이야기로 돌아가 보자. 맹그로브 숲은 홍수로 인한 피해를 중국, 미국, 인도와 멕시코에서만 연간 820억 달러만큼 줄인다고 추정된다. 맹그로브 숲은 적도를 중심으로 위아래 위도 25도에 해당하는 열대 지역에서 형성된다. 이 숲은 해안 지대가 침식되지 않도록 하는 매우 강한 방호 기능을 제공하는데, 맹그로브의 얽히고설킨 뿌리 체계가 연안 해류에 떠다니는 모래를 가둔 뒤 서서히 밖으로 자라 숲 면적을 늘리면서 더 많은 땅을 만들기 때문이다.

이들이 자라는 바다나 염분이 있는 해안 지대에 영양분 수준이 낮은데도 불구하고 맹그로브 숲은 특이하게 광합성 생산성이 높은데, 그 이유는 이들이 품은 생태계를 통해 얼마 되지 않는 영양분을 극히 효율적으로 이용하기 때문이다. 연간 탄소 6,900만 톤을 저장하기도 하는데, 이는 미국의 2,500만 가구에서 나오는 연간 배출량과 맞먹는다. 게다가 독특한 성장 방식 때문에 추가로 토양에 탄소 2억 9,600만 톤을 가두는데, 이는 미국의 1억 1,700만 가구의 배출량에 해당한다. 이러한 놀라운 나무는 깊이 감추어진 뿌리를 덮고 물에 포함된 소금을 최대 97%까지 차단하는 왁스 같은 코르크를 만들어냄으로써 바닷물 속에서도 어떻게든 잘 자란다. 이는 뿌리가 자주 산소에 굶주려 있다는 뜻이기도 하다. 그래서 맹그로브는 만조로 물속에 잠길 때 가스를 저장하는 방법을 진화시켰고 이로써 토양 세균에게 공기를 제공하고 토양 세균이 만든 질소화합물을 보호하였다. 이 전체 시스템은 적어도 170여 종의 대형 해양 동물을 비롯해 약 23조 마리에 달하는 치어와 약 40조 마리의 게, 새우와 연체동물에게 피난처가 되며 다양한 열대 동식물 종에 방대한 생활 공간을 제공한다. 수면 위로 우거진 맹그로브 숲 지붕은 곤충을 잡아먹고 열매를 퍼트리는 새 떼를 부양한다.

지구의 다양성과 활력도에 이토록 기여하고 있지만 맹그로브 숲은 지금도 새우 양식장이나 팜유 농장을 만들 공간을 확보하기 위해 아무렇지 않게 파괴되고 있다. 그 결과 현지 주민들이 폭풍우에 노출되고 천연 연안 어장이 파괴되면서 생산 시스템은 매우 낮아졌다. 약 13만 km^2의 해안 맹그로브를 지키고 확장해가는 것이 지구의 생산성을 높일 수 있는 확실한 방법이다. 효과적인 나무 심기 전략들이 이미 개발되어 있어 비용도 많이 들지 않고 쉽게 할 수 있다. 맹그로브가 자라도록 하기 위해서는 그저 주위에 평범한 울타리를 만들어 초식 동물의 접근을 막기만 하면 된다.

해안가에서 몇 km 떨어진 곳에서 매일 발생하는 환경 파괴는 손쉽게 막을 수 있다. 사람들은 점점 커지고 기술적으로 정교해지는 배를 만들어 작은 물고기를 점점 더 많이 잡아들이고 있다. '부수 어획물(bycatch, 잡으려고 의도한 대상이 아닌 물고기)'은 다시 바다로 되돌려지는데 보통은 이 과정에서 죽는다. 이들이 한때 소비했던 영양분은 해파리들이 먹고 이들은 폭발적으로 증식한다. 거듭 말하지만 우리는 해야 할 일을 알고 있다. 여러 사례에서 보듯 우리는 그저 뒤로 물러나 자연이 스스로 고치도록 두면 된다. 그렇게 되면 점차 물고기들이-어업도 함께-지정된 해양보호 구역에서 보호, 관리되고 보존될 수 있다. 이런 구역들은 산호나 다시마 양식장, 그리고 과도한 어업, 보트 타기, 다이빙과 환경 파괴적 여가 활동이 금지된 여러 해양 핫스폿이다. 이런 장소는 보통 해안가나 군도에서 볼 수 있지만, 상업적 양식장에 둘러싸인 지역이나 접근하기 너무 어려워 인간이 거의 손대지 않은 곳도 있다. 스코틀랜드부터 남극 대륙까지, 이러한 보호 구역은 큰 성공을 거두고 있으며 멸종 위기에 처하거나 멸종된 것으로 추정되는 많은 종이 빠르게 회복하고, 산호가 다시 자라고, 지속 가능한 발전을 위해 새로운 경제적 가치가 창출되고 있다.

미국 조지 W. 부시 대통령과 후임인 버락 오바마 대통령은 2006년에서 2016년에 걸쳐 하와이와 미드웨이 환초(Midway Atoll) 사이에 150만 km^2의 파파하노모쿠아키아(Papahānaumokuākea) 국립해양보호구역을 만들었다. 이 보호구역은 푸른바다거북, 멸종 위기에 처한 오리, 하와이안 몽크바다표범, 바닷새와 산호초를 비롯해 7,000종이 넘는 해양 종을 보호하고, 고래들에게는 먹이를 공급하는 장소(feeding ground)를 제공한다.

인도양 차고스 제도에 둘러싸인 또 다른 커다란 보호 구역은 54만 4,000 km^2에 달한다. 이곳의 여러 섬은 현재 국제적으로 분쟁의 여지가 있기는 하지만 상어, 가오리, 참다랑어와 거북이에게 보금자리를 제공하기에 알맞은 장소라는 사실에는 누구도 반론을 제기하지 않는다.

안타깝지만 국경에 위치하거나 정치적·외교적 분쟁이 있는 넓은 지역은 개발의 위험에 무방비 상태로 노출되어 있다. 남극 웨들해(Weddell Sea)의 180만 km^2를 보호 구역으로 지정하였다면 모든 조업을 금지하여 펭귄, 범고래, 표범물개와 흰긴수염고래를 보호할 수 있었다. 남극 대륙 주위의 바다는 이산화탄소를 많이 흡수하는 지역이고, 이 지역을 보호한다고 해도 의미 있는 경제 활동이 피해를 입었을 일도 없었을 상황이었다. 그럼에도 일부 나라는 이 놀라운 천연자원을 지정학적 협상 카드로 사용하는 것에 만족하며 보호 구역 지정에 합의를 이루지 못하도록 막으며 계속 장난을 친다.

정치 지도자들이 바다를 보호하지 않는다고 절망하기 전에 우리가 직접 바다를 도울 방법은 많다. 농지 유출수를 비롯해 사방이 막힌 구역에서 영양분 과다 투여로 생태계 기능을 낮추는 양식업 문제를 해결하기 위하여 여러 새로운 계획이 시행되기 시작하였다. 물고기와 새우 양식장에서는 바닷물을 깨끗하게 여과하는 데 도움이 되도록 현재 다시마나 홍합을 기르고 있다. 이렇게 생물을 이용한 개선 방식은 여러 유용한 생산물을 부수적으로 얻으면서 해안 지역의 활력도를 전반적으로 높여준다. 다시마는 1차 생산자이기 때문에 특히 효과가 뛰어나다. 양식장의 물고기에서 나오는 배설물에 포함된 영양분을 다시마가 재활용하는 방식은 NPP를 증가시키는 한편 이렇게 사용되지 않았다면 해로운 조류 대증식을 일으켰을 영양분을 제거한다.

대규모 양식업은 이제 단백질과 식량의 주요한 원천이 될 정도의 산업으로 성장하였다. 오늘날 조업으로 잡히는 물고기보다 더 많은 양이 양식장에서 키워지고, 양식업은 빠르게 현대화되어 질병을 관리하고, 폐기물을 줄이고, 효율을 개선하고 있다. 우리가 좋아하는 생선은 대부분 연어나 도미처럼 먹이사슬의 맨 위에 있는 육식 동물이라서 야생에서 잡은 물고기를 어분과 어유로 만들어 사료로 사용하였다. 그러나 야생에서 물고기를 잡아 양식 물고기에게 사료로 주는 이 같은 '물고기로 물고기를 키우는' 문제는 현재 줄어드는 추세이다.

일부 비도덕적인 관행이 계속되고 있지만 양식장들은 전반적으로 업계를 정화하는 노력을 시작하였고, 또 그렇게 하는 것이 사업적으로 이득이 된다는 것을 깨달았다. 놀래기라고 불리는 작은 물고기를 연어와 함께 두면 어장이 깨끗하게 유지되고, 산소 교환이 원활해지고, 기생충이 줄어든다. 물고기에게 백신을 접종하고 물고기의 면역 체계를 자극하는 방법을 찾는 것이 물고기들에게 역효과를 초래하는 비싼 항생제를 잔뜩 먹이는 것보다 훨씬 효율적이고 효과적이다. 요즘에는 사료 비용을 줄이기 위해 양식 사료에 어분 성분을 줄이려는 노력도 늘고 있다. 우리 회사는 현재 물고기나 가축의 사료, 그리고 실제 사람이 먹는 식량 속에서 어분과 어유 성분을 대체할 수 있는 조류의 해양 단백질을 생산하고 있고, 생산 비용을 절감하기 위한 상업용 시스템을 설계하고 있다. 양식업이 계속 발달하면서 규제 기관도 환경을 지키고 동물복지를 확실히 보장하기 위해 더 힘쓰고 있다.

오히려 조업으로 잡힌 물고기들이 이 같은 세세한 관리를 받지 못한 채 오염된 바다에서 독성 물질을 섭취하고 있다는 점이 현재 우리 바다의 상태를 단적으로 보여준다. 이는 예상과 다르게 자연산 물고기가 양식되는 물고기보다 건강하지 않을 수 있다는 뜻이다.

인간들은 부유해질수록 생선과 닭고기처럼 더 많은 단백질을 원한다. 물고기 양식은 그 수요를 맞추는 데 다른 육류보다 환경에 미치는 영향이 덜하다. 예를 들면 양식 연어는 탄소 발자국이 소고기보다 20배 적다. 변온 동물인 물고기는 정온 동물인 소, 돼지, 양과 염소가 몸에 열을 내고 에너지를 얻을 만큼 많은 양의 먹이가 필요하지 않다. 물고기는 강, 만과 외해 등과 같은 장소에서도 양식될 수 있어서 방목지처럼 작물 재배에 쓰일 농지도 필요 없다. 양식은 다른 육류보다 식량을 훨씬 효율적으로 공급할 수 있으므로 지구에 새롭게 활력을 주는 데 크게 이바지할 수 있다.

우리는 광합성을 개선할 수 있을까?

이 장에서 소개한 사례들은 인류에게 식량을 공급하는 동시에 지구를 살기 좋게 유지하여 나가도록 노력하면서 우리가 해야 할 일을 몇 가지 일러준다. 과학이 진보할수록 새로운 가능성이 열리고, 우리는 그때마다 기후 변화의 피해를 막을 초현대적 방식에 가슴이 두근거린다. 어떤 사람은 거대한 공기청정기가 공기 중의 이산화탄소를 제거하는 데 도움이 될 것이라고 주장한다. 또 어떤 사람은 생물 반응 장치에서 새로운 식량을 재배하는 방안을 지지하기도 한다. 우리 인간은 오지랖이 넓은 종족이라 광합성 그 자체를 개선해보겠다며 나설 게 뻔하다.

내가 바로 그런 과학자들 중 한 사람이다. 예전 1980년대 중반 매사추세츠공과대학에 있을 때 나는 광화학계 Ⅱ(Photosystem Ⅱ)라는 위치지정(site-directed) 돌연변이를 최초로 만드는 연구에 참여하였다.[83,84] 몇 주 동안 수백 시간을 연구하고 연구실에서 쪽잠을 자며 들뜬 마음이 모두 고갈된 후에, 우리는 40억 년의 진화를 개선하는 것이 어렵다는 사실을 깨달았다. 그러나 시도 자체는 나쁘지 않았다. 우리는 광합성 시스템이 어떻게 빛을 화학적 에너지로 전환하는지 이해하려 노력하였다.

마찬가지로 과학자들은 광호흡이라는 문제와 씨름하느라 애썼다. 앞서 2장에서 다루었던 광호흡은 광합성을 하는 생명체가 자신이 생산하는 산소를 다루는 데 애를 먹으며 오히려 이산화탄소를 방출하는 아이러니한 현상으로 생명체의 탄소 고정 능력을 약 25% 감소시킨다. 현재 광호흡 '폐기물'을 줄이고 농작물의 전반적 생산성을 높이기 위한 여러 유전공학 계획이 마련되어 있다. 옥수수 같은 일부 식물은 밤에 생산된 탄소를 저장하여 낮 동안에 이산화탄소를 복잡한 화학 물질로 바꾸는 속도와 양을 높일 수 있다. 이 같은 탄소 농축 메커니즘을 상업적으로 중요한 다른 작물에 도입하려 시도하는 프로젝트들이 현재 진행 중이다. 예를 들어 미국 농업 연구소와 일리노이대학교의 과학자들은 담뱃잎의 광합성 효율을 20% 증가시키는 데 성공하였다.[85] 들갓(wild mustard), 호박, 녹조류와 각종 세균의 유전자도 광합성 대사를 최대한 활용하기 위해 유전자가 재조합되었다. 현재는 개선된 광합성 시스템을 밀, 벼, 또는 콩과 같은 농작물에 도입하고 있다. 이 작물들의 생산성이 20% 증가하면 같은 면적의 땅에서 더 많은 사람에게 식량을 공급할 수 있게 된다.

최근 엽록체의 효율을 끌어올리기 위하여 미생물 군집에서 세포 중 엽록체 성분만 따로 떼어내 격리하는 연구를 진행하였으며 인공적이지만 여전히 생물학적인 광합성을 향한 중요한 한 걸음을 내딛는 데 성공하였다. 프로젝트를 담당한 프랑스-독일 연합팀은 강화된 광합성 시스템이 햇빛의 힘을 이용해 복잡한 약물 분자를 합성하는 데 사용될 수 있을 것으로 내다보고 있다.

독창적 접근법에는 언제나 장점과 제약 사항이 함께 나타난다. 환경에 미치는 영향은 주로 불확실하거나 대가가 엄청나다. 어떤 경우에는 해결을 하지 못하고 다른 곳에 문제를 떠넘기는 상황을 만들기도 한다. 그러나 우리는 온갖 혁신 기술을 시도하고, 온갖 잠재적 해결책을 평가하고, 사람들이 참여하도록 온갖 방법을 동원하고, 참여한 사람들이 눈길을 돌리지 않도록 해야 한다. 세상이 다시 성장하려면 담대한 기업가 정신, 새로운 기술과 전통 방식이 필요하다. 지금껏 살펴본 대로 과학은 철저한 방목 관리를 통해 방목지를 개선하였고, 암모니아를 합성하는 저에너지 방식을 발명하였고, 유기물을 재활용하는 새로운 방법을 제공하는 등 다양한 방식으로 우리를 돕고 있다. 약 6만 3,000개에 달하는 발전소를 비롯해 수억 개의 난로와 수십억 대의 자동차가 모두 화석 연료를 태우고 있다. 이들이 내뿜는 탄소라는 유산을 상쇄하려면 그에 못지않은 발상, 방안과 접근법이 필요하다.

그러므로 태양을 가리고, 대기를 에어로졸로 채우거나 우리를 다른 행성으로 쏘아 올리는 계획 대신에 우리를 생물학적으로나 경제적으로 부유하게 만들어줄 보다 평범한 계획에 노력을 들이는 것이 현명한 방법이다. 조금 더 많이 땅을 만들고 훨씬 더 많이 나무를 심는 것처럼 말이다.

CHAPTER 7

햇빛 수확하기

우리는 대부분 마음 깊은 곳에서 이미 진실을 알고 있다. 계급, 신념, 국적이 무엇이든 우리는 하나같이 대대적인 환경 파괴에 참여하고 있다. 전용기를 타고 스키장으로 날아가는 부유한 상속녀는 자신이 아프리카 숲을 가로지르는 도로를 건설 중인 저임금 노동자와 공통점이 거의 없다고 생각할 것이다. 그러나 두 사람은 모두 자신이 사용한다고 생각하는 양보다 더 많은 자원을 자연에서 뜯어내고 있다. 푹푹 찌는 아시아 도시의 사무실을 에어컨으로 시원하게 하든, 석유와 가스를 채굴하기 위해 북극 기지의 작업장을 따뜻하게 만들든, 우리는 모두 인간의 유일한 서식지의 대기, 바다, 그리고 육지를 탐욕스럽게 소비하고 있다. 우리 모두는 지구를 좀먹고 지구의 회복력을 약화시키는 메뚜기 떼이다. 미국의 허리케인, 호주의 산불과 방글라데시의 홍수처럼 한때 이례적 사건이었던 환경 이변이 이제는 비일비재하게 벌어진다. 코로나19 대유행도 삼림 파괴와 농업 개발에서 유래하였다는 게 거의 확실하며, 이로써 야생 동물과 인간의 거리가 가까워지게 되어 한 종에서 다른 종으로 전파될 수 있는 새로운 유형의 전염병도 등장하는 것이다.

이러한 재앙 속에서도 늘 그래왔듯이 정치 지도자들은 남탓을 하고 산업 로비 단체들은 혼란의 싹을 틔우며 개발과 환경오염을 정당화한다. 책임이란 것이 한 나라, 대통령, 기업과 인종 집단에 있지 않은 것처럼 태양 표면의 폭발이나 거대한 화산 폭발 같은 외부 힘에 있는 것도 아니다. 책임은 역사를 통틀어 지구에 기근, 화재와 홍수를 비롯해 재난과 역병을 풀어놓은 우리 모두, 바로 인간에게 있다.

문제 해결의 첫 단계는 문제를 인식하는 것이다. 광합성 능력을 지닌 지구에서 산다는 장점은 우리가 유한한 제로섬 세상이 아닌 성장과 무한한 가능성으로 가득 찬 세상에서 산다는 점이다. 이는 우리의 가능성이기도 하다. 식물이 토양을 먹어 치우지 않았다고 깨달은 최초의 과학자부터 수십억 인구를 먹일 방법을 찾은 노먼 볼로그까지, 우리는 인간의 진보가 다른 종의 파괴로 이어질 필요가 없다는 사실을 터득하였다. 대신 지구에는 다영양 계층으로 이루어져 서로 얽히며 광범위하게 영향을 미치는 생물학적 시스템들끼리 연결되어 있다는 사실을 몇 번이고 발견하였다. 인간은 우리가 착취하고 있는 자연환경의 산물이자 일부분이다. 우리는 숨을 들이쉬면서 생태계 서비스를 이용하고, 생태계 서비스에 우리가 내쉬는 숨을 제공한다. 우리는 장이나 속눈썹 모낭 속 생명체 군집부터 배꼽에 살고 있는 미생물 군집까지 몸 겉과 속에 사는 아주 낯선 미생물들에게 먹이를 공급한다.

서로 완전히 다른 생명체들의 생태계 역학과 협동을 다루는 흥미로운 연구 분야가 떠오르고 있다. 우리는 식물이 서로 어떻게 소통하고 우리에게 어떤 영향을 미치는지 아직 더 많이 알아내야 한다. 우리가 진전을 이룰수록 더 넓은 지구를 만들기 위한 협력 방법을 잘 이해하고 깊이 인식할 수 있다. 그럴 자격이 있든 없든 지금은 우리가 지구의 관리자이기 때문이다.

기회는 책임감과 함께 찾아오는데, 광범위한 새 일자리 창출에서 두드러진다. 자연은 더 많은 자원, 더 많은 기회와 새로운 근무 방식을 계속해서 만들어낸다. 미래를 생각하면 온통 절망뿐인 상황에서, 광합성은 우리에게 희망을 주는 빛이다. 신기한 색을 띤 세균은 사막을 풀과 나무가 자라는 곳으로 만들 수 있다. 조류(algae)는 오염된 토양을 정화할 수 있다. 어쩌면 3장에서 설명한 광전기성 말벌(햇빛을 이용하여 전기를 만드는 말벌), 광합성하는 달팽이, 도롱뇽 세포 속에서 공생하는 조류 등은 우리의 미래를 알려주는 것 같다. 즉 미래에는 세포들이 서로 협력하여 광합성을 하는 방법으로 진화한다면 햇빛만으로도 충분히 살 수 있기 때문이다.

문제는 우리가 여전히 자연을 너무 두려워하며 자연과 함께 생존하기 위하여 힘겹게 싸우고 있다는 점이다. 앨프리드 테니슨(Alfred Lord Tennyson)은 그의 시 「인 메모리엄(In Memoriam)」[86]에서 무력한 피식자를 사냥하는 사나운 야수들의 세상을 묘사하고 있다. 그리고 그 속에서 한 개인이 겪는 역경과 공동체로서의 인간을 지지하는 자연의 불변성이 얼마나 대비되는지 나타내고 있다.

> 그러면 신과 자연은 다투고 있나,
> 자연이 그런 사악한 꿈을 전한다고?
> 그녀는 종은 애써 돌보는 듯 하나
> 개체는 도통 개의치 않네…

사람들이 자기 자신만을 염려하는 것보다는 다른 생물 종 모두를 돌보는 것으로 생각이 변하면 우리는 서로에게 신뢰가 생길 것이다. 우리 모두는 몸과 마음을 활짝 열어 광활한 대지와 풍족한 자연에 다시 연결되어야 하고, 그것들을 소중히 여겨야 한다.

우리는 공원이나 시골 등 야외에서 지내면 정신 건강에 좋다는 것을 이미 알고 있다. 꽃과 감미로운 시로 사랑을 전하고, 낙원처럼 신록의 아름다움이 가득한 쾌적한 땅을 천국이나 에덴동산으로 묘사한다. 이러한 연계성은 인간이 주변 환경에 길들여지고 문명을 이루며 사는 수천 년 동안 이어져 왔다. 자연의 정취, 빛깔과 향은 우리의 생명이 경제적 가치에 관련된 것만이 아니고, 우리를 만들어온 아름답고 풍요로운 힘이 있음을 느끼게 해준다.

우주에서 우리를 내려다보고 있는 인공위성을 통해 우리는 진정으로 범세계적 시각을 갖게 되었다. 내부를 들여다보는 현미경은 우리 속과 겉에 사는 미생물의 복잡한 생태계를 찾아낸다. 깊은 광산 속에 쌓인 듯 방대한 자료를 살펴보는 기술로는 러시아의 가뭄이 멕시코의 식품 가격에 영향을 미친다고 해석되는 시스템상 정보를 추적할 수 있다. 이제 우리는 모든 행동이 연결된 더 큰 계획에서 우리 위치를 확인할 수 있다. 우리 몸은 우리가 함부로 버렸지만 다시 식탁 위로 돌아오는 플라스틱으로 가득 채워진다. 이 문제를 더는 남 탓으로 돌리면 안 된다.

미래에는 세계적 재계 거물들이 자신의 가치를 본인이 소유한 세쿼이아 나무 크기로 측정하고, 기업가들이 최고의 맹그로브 늪을 조성하려 경쟁하고, 젊은이들이 조성림에서 자란 달팽이의 껍질을 색칠한 선물로 청혼하는 세상이 되기를 바란다.

우리 앞에 놓인 단순하고도 긴급한 문제는 우리가 문제를 일으키는 존재에서 벗어나 문제를 해결할 수 있도록 사고방식을 바꿀 수 있느냐이다. 여기에는 근본적인 장애물이 있다. 우리의 법, 경제 체제와 문화는 지구의 활력도를 그다지 가치 있게 여기지 않는다는 것이다.

경제 전문가들은 우리가 일상 생활에서 서비스를 받고 제품을 살 때 지불하는 가격이 그 참된 가치를 거의 반영하지 않는다는 점을 인정한다. 온갖 보조금, 세금, 그릇된 우대 정책과 부당 이득은 시장을 왜곡한다. 예를 들면 카이로에서 물은 사막 국가라는 특성상 부족한 자원이다. 그러나 나일 강에서 물을 가져오고 나누어 주는 과정에서 발생하는 비용은 정부가 부담한다. 그러다 보니 사람들은 새로운 사회 기반 시설과 관개 시스템에 투자하거나 물이 줄줄 새는 변기를 수리할 이유가 별로 없다.

누군가 다른 사람이 비용을 지불하면, '비용은 외부화되었다'고 한다. 우리는 세계 각지에서 생태계에 막대한 피해를 입힌 책임을 납세자들, 다른 나라들, 특히 다음 세대에게 떠넘김으로써 외부화하고 있다. 우리가 창출한 역사에 남을 만큼 엄청난 부는 대부분 천연자원에서 직접 얻어낸 것이지만 뒷정리는 남에게 맡기고 있다.

앞서 6장에서는 2006년 당시 스턴 보고서가 탄소 오염에 대응하는 노력이 계속해서 실패할 경우의 비용을 추정하려 하였다고 이야기하였다. 그때 이후로 여러 탄소가격제가 시행되었고 불안정하지만 진척도 있었다. 그러나 정부들은 기업 이익을 옹호하며 시장의 왜곡을 부추기고, 유권자 집단의 비위를 맞추거나 다른 나라와 힘겨루기를 지속하고 있다. 그 결과 세상을 오염시킨다는 의미가 아직도 잘못 받아들여지고 있다.

현재 정부가 맞닥뜨린 난관은 우리가 현재 행동으로 치러야 할 실제 대가를 깨닫도록 고안된 세금과 순 1차 생산량의 증가를 유도하는 우대 정책 사이에서 타당한 균형 상태를 찾는 것이다. 세금 내기를 좋아하는 사람은 별로 없지만 사회가 제대로 작동하고 사법 제도, 교육과 하수 시설 등을 유지하기 위해 어떤 형태로든 추가 부담금이 필요하다고 생각하는 사람들은 많다. 반대로 선행에 보상하는 우대 정책도 좋아한다. 정부는 배출물, 화석 탄소 성분, 비효율성, 일회용 포장, 폐기물과 제품의 탄소 함량을 줄이도록 새로운 세금을 부과할 수 있다. 구매자들이 비닐봉지에 10%의 세금을 내도록 하거나 과적 차량 또는 빈 차로 이동하는 운전자들에게 새롭게 요금을 부과할 수 있다. 땅을 더 잘 관리해주기를 바라며 농부들에게 세금 우대 조치를 제공하거나, 나무를 심고 토양을 개선하는 사람들에게 보조금을 지급하여 행동을 개선해나가도록 유도할 수도 있다.

정부들이 대체로 이런 조치를 취하지 않는다는 게 지구가 직면한 큰 문제이다. 대부분 그저 최악으로 치닫지만 않으면 된다는 생각에 일부만 대충 가리려고 명색뿐인 환경 계획을 세우는 정도이다. 개중에는 나쁘지 않은 대책도 있지만, 안타깝게도 대다수 정부가 진부하고 뻔한 단기 이익을 찾아 환경을 파괴하는 데 우리의 세금으로 비용을 대고 있다는 것이 현실이다. '당근과 채찍'처럼 다양한 세금과 우대 정책이 선거 때 다양한 선택지로 펼쳐지면 우리는 투표를 통해 변화를 가져올 수 있다. 그러나 유권자들은 흔히 자신에게 선택권이 없다고 믿는다. 심지어 탄소 배출만이 '경제적 안정'을 보장한다고, 일자리와 환경 보전은 양립할 수 없다고, 행동에 나서기 전에 국제 규정이 선행되어야 한다고 말하는 사람들도 많다.

아일랜드에 기근이 닥쳤을 때 내가 뭐 어쩔 수 있겠냐는 듯 어깨를 으쓱했던 정치인들과 노예 제도를 정당화하려는 설탕 생산자들이 비슷한 주장을 펼쳤다. 우리는 이런 주장을 받아들일 이유가 없다. 우리는 과거 규칙을 변경한 적이 있었고 또다시 할 수 있다. 민주주의 국가에 살고 있다면 탄광업과 석유 채굴을 늘려나가는 무모한 화석 연료 보조금 같은 파괴적 정책을 뒤바꿀 후보에게 투표하면 된다. 우리 아이들이 푹푹 찌는 잿빛 행성에서 살지 않도록 국가 재원을 재생 가능한 에너지에 제대로 공급하도록 방향을 바꿀 정부를 선출하면 될 일이다. 정치인을 응원하는 만큼 비난도 할 수 있지만 결국 그들을 선출하고 그들에게 권한을 주는 것은 바로 우리들이다. 우리는 더 나은 개선을 위해 맞서 싸워야 한다.

변화를 위한 투쟁에서 이길 확률은 우리 유권자들이 확실한 정보로 무장하지 않는 한 개선될 수 없다. 행동을 바꿀 대책에는 무엇이 잘못되었고, 바로잡기 위해서 무엇을 해야 하는지 합리적 결정을 알려주는 자료가 필요한 법이다. 우리는 탄소 함량, 물 발자국, 토지 이용도와 폐기물을 파악하고 있어야 한다. 측정을 통해 정책 입안자들은 현재 맡고 있는 작업을 수량화하고, 정부는 적절하게 조치를 취할 수 있다. 정보가 공개되면 유권자들은 정부에게 책임을 묻고, 시민들은 법적 조치를 취하고, 국제기관들은 규정을 시행하도록 촉구할 수 있다.

확실한 자료가 있으면 사람들이 자신을 위해, 혹은 우선순위를 올바로 판단하기 위해 더 나은 선택을 할 수도 있다. 업무 회의 참석차 뉴욕에서 보스턴까지 비행기로 300 km 단거리를 왕복 이동하는 사람은 이코노미석을 이용한다 해도 이산화탄소 118 kg을 배출한다. 그 사람이 비행기가 착륙할 때쯤 커피를 마시고 난 종이컵을 분리수거하든 안 하든 앞선 상황에 비교하면 전혀 중요하지 않다. 누가 봐도 분명해 보이지만, 사람들은 여전히 비과세 항공 연료가 자국의 탄소 배출과는 무관한 국제 문제라는 허위 정보 공세를 받고 있다. 우리는 현재 수많은 시장 왜곡과 방향이 어긋한 우대 정책, 그리고 고집스러운 완고함이 한데 섞인 안개 속에 살고 있다.

이런 점을 효과적으로 알리기 위해서는 더 많고 더 나은 노력이 이루어져야 한다. 흡연 인구를 줄이기 위해 담뱃갑에 끔찍한 종양 사진들을 인쇄한 광고가 쓰이고 있다. 식품의 손실과 낭비에 대한 그런 캠페인은 왜 없을까? 그렇게 캠페인을 벌인다면 세계 인구에게 식량 공급을 보장하는 데 크게 도움이 될 것이다.[87] 대신 광고업계는 대부분 우리에게 더 많이 먹고 더 많이 소비하라고 온 힘을 다해 외친다. 배낭에 당이 첨가된 전해질 용액을 담은 주머니가 없어도, 땀을 흡수하는 합성섬유 옷을 안 입어도, 심박수 측정 기능이 있는 GPS 시스템을 부착하지 않아도 우리는 충분히 조깅하러 갈 수 있다.

그런데 우리가 행동을 개선하려면 반드시 공익 캠페인이 선행되어야 할까? 최근 223명의 연구원들이 813개 숲에 있는 약 50만 그루의 나무를 실제로 측정하는 공동 연구 프로젝트를 통해 이 사안이 얼마나 시급한지 분명히 확인되었다. 연구원들은 최근 벌채된 지역 주변부가 2℃ 이상 따뜻한데, 이 정도로도 충분히 숲이 건조해지고 씨앗이 퍼지지 못한다는 사실을 알아냈다.[88] 우리에게 꼭 필요한 숲은 벌목, 도로 건설, 화재와 기상 패턴 변화로 이미 시달리고 있으면서도 소 방목지와 콩밭을 위한 공간을 만들겠다는 끊임없는 공격 속에 시달리고 있다. 정치인들이 탄소세에 관한 구속력 있는 국제 협정을 두고 언쟁만 높이는 가운데 우리 책임은 못 본 척 넘어가야 하는가?

당연히 아니다.

우리가 해결책이 될 수 있다

산불, 폭풍우, 그리고 질병에 대한 나쁜 소식이 끊임없이 들려오면 우리는 어찌할 바를 모른다. 강력한 이해관계 앞에서 우리에게 아무런 힘도 없다는 말만 듣는다. 그러나 대가 없이 안전, 음식과 기쁨을 얻고자 하는 사람은 거의 없다.

물론 마법 같은 해결책도 없다. 그렇지만 우리 모두가 이 문제의 원인인 것처럼 우리 모두는 해결책이 될 수 있다. 지난 200년 동안 우리가 전 세계의 보건과 부에서 이루어낸 어마어마한 진보는 겉보기에는 극복할 수 없는 장애물들을 이겨낼 수 있음을 증명한다.

영국의 성직자 토머스 로버트 맬서스(Thomas Robert Malthus)는 1798년, 익명으로 『인구론(An Essay in the Principle of Population)』[89]이라는 책을 출판하였다. 이 책은 전국적 인구조사와 산아 제한에 관한 진지한 토론으로 이어지며 큰 파장을 일으켰다. 맬서스는 '인구의 힘은 사람들의 생계를 유지해주는 지구의 힘보다 월등히 뛰어나서 때 이른 죽음은 어떤 형태로든 반드시 인류를 찾아올 것이다'라고 경고하였다. 이런 재앙의 예견은 대를 이어가며 주기적으로 다시 수면 위로 떠올랐다. 생물학자인 폴 에얼릭(Paul R. Ehrlich)은 1968년에 그의 베스트셀러 저서인 『인구 폭탄(The Population Bomb)』에서 '전 인류를 먹여 살리겠다는 투쟁은 끝났다.… 앞으로

1970년대와 1980년대에 수억 명의 사람들이 굶어 죽을 것이다'[90]라고 썼다.

그러나 맬서스가 경고한 이래로 인구는 네 번 연속 배로 증가하였고, 보통 사람들은 그 어느 때보다도 더 길게 더 잘 살고 있다. 그렇다. 그동안 우리는 무수히 많은 어리석은 방법으로 환경 착취를 늘려왔다. 그렇지만 배움도 있었다. 에얼릭이 예상한 이후로 반세기가 지난 지금, 지구 활력도는 전에 없이 나빠지고 있지만 우리는 계속해서 더 많은 식량을 공급하는 방법을 찾아내고 있다.

나는 이 책에서 인류의 훌륭한 업적으로 인간이 얼마나 비범한지 확인함으로써 자연을 잃어가는 불안감을 떨쳐내려고 노력하였다. 스웨덴 학자 한스 로슬링이 가난에서 벗어나고 있는 대표 국가들을 동그란 원으로 표현하며 소개한 놀라운 영상[91] 속에서 내가 원하던 정보를 일부 포착할 수 있었다. 세계 가치관 조사(The World Values Survey)[92]도 이와 유사하게 1980년대 이후로 우리의 생각과 관점이 어떻게 변화해왔는지 보여준다. 주기적으로 심각하고 처참하게 차질을 빚기도 하지만 사회는 대체로 보기보다 합리적으로 나아가고 있다. 생각해보자. 우리는 사회가 어떻게 현대적으로 변화하고 있는지 추적하고, 사는 동안 사회적 사고를 바꾸어나갈 수도 있다. 책 첫 장에 소개한 답답할 정도로 느린 과학의 진보와 달리, 도전 과제의 규모를 인식하는 우리 힘과 잠재적 해결책을 찾아 숙고하는 우리 에너지는 과거와 다르게 속도를 붙여가고 있다.

몇 년 전, 우리는 세계 인구가 적어도 140억 명까지 증가할 것이라고 예상하였다. 오늘날 앞서 언급한 바와 같이, UN 경제사회국의 인구 분과는 우리가 이번 세기 말 무렵에 108억 8,000만 명으로 최고점에 도달할 것으로 내다보고 있다. 개발도상국에서 삶의 질이 나아지고 가난한 사람들에게 기본 의료와 산전 관리 서비스를 제공하는 등 다양한 사회 개선이 이루어지며 인구 증가 예상치가 31억 명 이상 감소하였다.[93] 아이들이 예방 가능한 죽음을 맞지 않도록 보호될 때, 여성들이 출산할 때마다 생명이 위태로울 만큼 심각한 위험에 처하지 않을 때 출산율은 극적으로 줄어든다. 이 정도 정부 개입은 비용이 엄청나게 들지 않는다. 지난 1980년, 세계 인구의 20%만이 극소수의 질병을 예방하는 백신을 접종하였다. 오늘날 우리는 백신 보급률이 80~85%에 달하고, 예방할 수 있는 질병도 훨씬 범위가 넓어졌다. 여성을 교육하는 것만큼 인구 증가에 크게 영향을 끼쳐온 일은 거의 없다. 거의 모든 사회에서 모든 소득 계층에 걸쳐, 교육을 받은 여성은 그런 기회가 허락되지 않은 여성보다 자녀 수가 적었다. 그래서 여성 교육과 피임에 관한 지속 가능한 성장 목표치가 충족된다면 2100년에 최고점인 87억 9,000만 명에 그치며 인구 증가가 훨씬 더 적을지도 모른다고 예상하기도 한다.[94]

이처럼 성장률이 둔화되었음에도 어차피 우리 인구는 정점에 도달할 때까지 여러 세대에 걸쳐 계속 증가하게 되어 있다. 나와 같은 구세대는 죽음을 맞이할 것이다. 새로 태어난 수십억 명의 사람들은 교육을 받고 영감을 얻어야 한다. 환경을 생각하는 젊은 사람들은 새로운 세대를 교육해야 하는 커다란 책임을 짊어지는 동시에 우리 정서와 지구의 활력도를 다시 잇는 기회를 만들어낼 수 있다.

크든 작든, 혼자 하든 아니면 함께 하든 우리는 모두 변화를 만들 수 있다. 나이가 적든 많든, 부유하든 가난하든, 대도시 중심에 살든 아니면 세상 가장자리에 있는 판잣집에 살든 세상이 바뀌도록 기여할 수 있다. 자녀들을 학교에 데려다주는 시간에도 할 수 있다. 고단한 일터에서 점심시간에 할 수도 있다. 잠자리에 들기 전에 불을 꺼야겠다고 떠올릴 때도 할 수 있다. 당장, 오늘이라도 할 수 있다.

우리에게 필요한 도구는 다 마련되었다. 우리 모두는 광합성을 하는 생물량을 더 많이 재배할 수 있다. 우리는 언제 어디서나 어떻게든 해낼 수 있다.

한 예로 나는 결혼식 때 입을 재킷을 직접 만들기 위해 질긴 연두색 독보리(rye grass)를 재배하였다. 장인어른은 내가 무슨 일을 꾸미고 있다고 의심하셨고, 나는 제대로 놀라게 해드려야겠다고 엉뚱하게 마음먹고 인근 잔디 제방에 있는 내 미래의 재킷 재료에게 열심히 물을 주며 길렀다. 그러나 운

나쁘게도 결혼식 날 아침 비가 퍼부었고, 식이 진행되는 동안 내 초록색 예복은 흠뻑 젖어 물이 뚝뚝 떨어지며 내 다리를 타고 내려가 물웅덩이를 만들었다. 아름다운 순백 드레스를 입은 아내와 확실하게 대조를 이루며, 나는 그야말로 물에 젖은 한 마리 거대한 녹색 애벌레처럼 보였다. 그렇다고 이 옷으로 1차 생산량이 그렇게 늘어난 것도 아니었다. 그러나 어딘가에 더 낫고 지속 가능한 계획들이 있다는 것은 의심할 여지가 없다.

우리 중에 농장이나 숲에 살며 중요한 식물을 재배하기 위해 충분한 땅을 가진 사람은 극소수이다. 그렇지만 사는 곳이 어디든 우리는 하루하루 풍부한 생명 에너지로 늘 넘쳐난다. 그리고 우리는 나무를 직접 심어서, 아니면 열대 나무인 맹그로브나 진달랫과 상록관목인 히스(heath) 같은 나무를 심고 보호하는 일을 우선순위에 둘 지자체와 도시 설계자들에게 투표하여 그 생명 에너지를 거두어들여야 한다. 나무, 관목과 꽃을 심을 도시 공원, 옥상, 울타리와 변두리 땅도 있다. 고속도로, 농경지, 생태 복원된 목초지와 산업 단지 측면을 따라 더 많이 심을 수도 있다.

그리고 우리가 반드시 나무만 길러야 하는 것도 아니다. 이전 장에서 간추려 말한 것처럼 생물량을 늘리는 방법은 다양하다. 인공 새집을 만들고, 벌통을 짓고, 공동 텃밭을 가꾸고, 도시 공간에 알맞은 편리한 화분과 화단을 만들어보자.

퇴비를 주고 유기 폐기물로 비료를 만들어보자. 비료를 잘게 잘라 식물과 나무 생물량에 골고루 섞어주면 몇 주 안에 신선하고 영양분이 풍부한 흙이 만들어진다. 중요한 것은 오랫동안 탄소를 가두어두고, 지역 환경에서 살아가기 알맞은 식물을 재배하는 것이다. 우리는 광합성을 하는 동반자들과 함께 사는 법을 다시 배울 수 있다. 세상이 재성장하게 도와줄 자선단체나 협회도 수없이 많이 존재한다.

작은 아파트에 갇혀 사는 도시 거주자들도 이런 식물들을 많이 기를 수 있다. 사실상 비용도 들지 않는다. 돈 한 푼에도 벌벌 떨던 신입 사원이었을 때 나는 원룸 아파트 창턱에다 마늘, 파인애플, 그리고 마트에서 볼 수 있는 거의 모든 채소를 재배하였다. 여러분이 참을성만 조금 있다면 화분을 돌보는 데 하루에 1분도 채 안 걸린다. 감자나 콩은 꽃이 피면 정말 예뻐서 보고 있으면 마음이 진정되고 개인적으로 보람도 느낀다.

열매는 대부분 그 안에 살아 있는 씨를 품고 있다. 아보카도 씨는 천천히 싹트지만 씨의 외피를 벗겨내고 곰팡이가 생기는 것을 방지하기 위해 물에 아스피린을 첨가하면 싹 트는 속도가 빨라진다. 씨에서 싹을 틔워 기르는 게 너무 어렵다면 잘라낸 가지를 한번 사용해보자. 묘목 여러 개를 한꺼번에 만들 수 있는 방식으로, 구상나무 한 그루에서 15~25 cm로 가지들을 잘라낸 뒤 발근 호르몬을 첨가한 물에 꽂아놓는다. 그런 다음 그 가지들을 꺼내어 암면이나 퇴비 속에 옮겨 기르면 된다. 다음 해 크리스마스가 되면 작년의 나무에서 생겨난 수십 그루의 복제 나무를 볼 수 있을 것이다.

다른 방법으로 고취법(air-layering)이라는 취목법을 이용하면 기존 나무를 상하게 하지 않고도 2~8주 만에 패션프루트, 무화과, 사과, 아보카도, 감귤류와 같은 대형 식물에서 뿌리줄기, 중간줄기를 만들 수 있다. 정확한 방법은 모두 온라인으로 찾을 수 있고, 유튜브에도 교육용 영상이 많이 올라와 있다. 가정에서 흔히 볼 수 있는 용품을 활용해 여러분의 환경에 맞게 식물을 재배할 기발한 방법들을 찾을 수 있을 것이다.

내 친구는 맥주를 사랑하는 만큼 환경에 열정을 쏟는다. 그래서 맥주캔 하나를 비울 때마다 흙을 조금 떠서 해바라기 씨앗을 심는다. 그는 해바라기 숲으로 둘러싸인 아주 아담한 집에 살고 있다. 해바라기 꽃이 창턱 여기저기와 옥상을 포함해 공간만 있으면 어디든지 놓였고 복도로 넘쳐 나오기까지 하였다. 집에서 직접 구운 해바라기 씨를 안주 삼아 맥주를 마시면서 그는 계속해서 변화를 만들어가고 있다.

나는 부직포로 된 작은 씨앗 주머니에 묘목을 기르는 것을 좋아하는데, 그 주머니에 넣어놓으면 묘목끼리 뿌리가 얽히는 것을 방지해서 다른 묘목을 건드리지 않고 하나씩 뺄 수 있다. 현재 우리 집은 체리, 자두, 프룬(prune, 서양자두), 헤이즐넛, 커피, 푸크시아(fuchsia), 패션프루트, 대추, 아나토

(annatto)와 캐나다 채진목(Canadian serviceberry)의 씨를 기르고 있다. 묘목들이 작은 씨앗 주머니에 비해 너무 커지면 부직포를 잘라내고 화분에 옮겨 심는다. 이 책이 출판될 때쯤 싹이 난 묘목들 수백 그루가 생겨 사람들에게 나누어 줄 수 있길 바란다. 이 작업에 필요했던 건 1 m^2도 안 되는 공간뿐이었다.

나는 어릴 때 침대 밑에서 점균과 곰팡이를 길렀다. 수년이 지나서 어머니가 이들을 찾아내는 바람에 결국 아파트 앞 복도에 내놓아야 하였다. 지금은 발코니에서 여러 나무를 화분에 심어 기르는 중이다. 우리는 이미 가족 한 명당 나무 한 그루씩을 심었다. 그중 일곱 그루는 현재 재배되지 않는 오래된 희귀 품종 사과나무이다. 과실이 참 맛있기도 하지만 우리 아이들이 이 나무를 보고 할머니를 떠올려서 우리 가족에게는 이 나무가 정서적으로 가치가 있다. 오래된 로부르 참나무를 돌보며 도토리도 얻는데, 500년 전 젊은 엘리자베스 여왕이 이 나무 아래에서 자신이 처형당하지 않을 것을 알게 되었다는 이야기가 전해진다. 이 참나무는 지금 1,000살이며 여전히 씨를 만들고 있고, 우리 집 테라스에는 접목에 쓸 이 나무의 접가지가 하나 있다. 그리고 아 맞다, 아들이 준 터무니없이 작은 화분에 매우 큰 바나나 나무도 두 그루 키우고 있다.

아주 간단한 방법으로 이 작은 씨들이 싹을 틔우는 것을 보고 있자면 절망을 치료하는 해독제를 마시는 느낌이 든다.

작은 싹은 각각 자기만의 자그마한 약속, 무언가 새롭고 건설적이고 오래가는 것을 움트게 한다는 약속을 이행한다. 우리 가족은 거의 전부는 아니라도 많은 싹이 살아남을 것이라고 자신 있게 전망한다. 우리 아들들은 자기가 맡은 식물에서 잎이 막 돋아나면 앞을 내다보고 언제 꽃이 필지 예측할 수 있다. 물론 일이란 게 잘못되어 갈 수도 있다. 달팽이가 어린 싹을 먹어버리고, 묘목들이 말라가거나 폭풍우 속에 흠뻑 젖으면 의욕이 과한 사람들은 작은 관목이 볼품없다며 내다버린다. 그러나 조금만 인내심을 갖고 유튜브에서 도움을 받으면 거의 모든 식물에서 싹을 틔우고, 번식시키고, 복제하고, 재배하는 법을 배울 수 있다.

세계적 탄소 순환과 지구 생산성에서 이런 작은 개입으로도 미래를 능동적으로 개선할 수 있다. 세계 인구는 거의 80억 명이다. 우리 모두가 본격적으로 협력한다면 큰 영향력을 미칠 것이다. 물론 정부, 과학자, 그리고 국제 전문 기구들이 맡은 주요한 역할들도 있지만 우리는 우리만의 직접적이고 개인적이며 보람 있는 행동을 이어나가면 된다. 식물 성장 과정을 이끄는 동력은 거의 무한하다. 매일 이용할 수 있다. 씨앗 하나하나에는 수백만 년을 이어오며 놀라운 방어 기능과 최신 질병에 대한 저항성을 제공하는 정교한 프로그램이 들어 있다. 그리고 이들이 번성할 때 그들은 우리의 눈을 정화시켜줄 뿐 아니라 우리가 자연 세계를 주제로 이야기하고, 생각하고, 마음으로 받아들이는 모든 방식을 바꾸어놓을 것이다.

이 책으로 광합성이라는 마법 외에도 광합성의 회복력, 그리고 스페인 종교 재판, 조롱, 오해, 정치적 혼란과 지적 대변동에도 불구하고 우리가 광합성을 얼마나 이해하게 되었는지 알리고 싶었다. 비록 더 많은 식량을 재배하고 굶주림을 막기 위해 추진되기는 했지만, 이 모든 발견을 이루어낸 용감하고 별난 과학자들도 광합성 생명체가 어떻게 세상을 만들고, 또 만들었는지 그 매력을 이해하고자 하였다.

인류가 등장해 현재 세계 곳곳에서 생산성을 떨어트리는 위협적 방식으로 천연자원을 추출하기 시작한 최근까지 지구상에서 생명의 총량을 전반적으로 늘려온 것은 바로 광합성이었다.

그리고 인류도 모든 난관에 잘 대처해왔다는 것을 보여주었다. 우리는 맹그로브 숲, 산호초와 열대 우림과 같이 다른 지역보다 탄소를 많이 흡수하고 격리하는 한편, 인간을 포함하여 어마어마하게 다양한 동물 종을 위해 식량과 쉼터를 제공하기 때문에 보호해야 할 매우 생산성 높은 장소들이 존재한다는 사실을 알고 있다. 농업 생산력이 증가해도 농업으로 발생하는 탄소 발자국은 줄어들 수 있다는 사실을, 그래서 지구의 자연 생명력이 더는 침해받지 않도록 할 수 있다는 사실도 알고 있다.

법, 세금과 국제 협정에서 많은 변화가 생기면서 사람들은 함께 나누는 환경을 더 보살피게 되고, NPP가 증가하며, 새로운 일자리와 사업 기회를 창출해나갈 수 있게 되었다. 방목을 개선하고, 숲을 다시 만들고, 버려진 대초원을 재활성화할 수 있다. 도시를 녹지화하고, 획기적으로 새롭거나 비용이 많이 드는 기술을 발명하지 않아도 바다를 보살필 수 있다.

행동을 바꾸고 우리 모두를 위해 더 많은 생명을 만듦으로써 실질적 영향력을 행사하는 일은 비교적 쉽다. 우리는 마음을 사로잡는 식물의 능력, 빛깔, 정취와 향을 즐기기 위해 더 힘써야 한다. 씨를 심는 것은 예스러운 일도 아니고 규모가 작지도 않다. 이는 전에 없던 가장 크고, 오래가고, 성공적이며, 풍요롭게 만드는 성장 프로그램에 참여하는 것이다.

혁신과 실험으로 수십억 년간 미세 조정된 광합성, 그것은 우리가 세계를 복원하는 동안 존재한 가장 강력한 힘이다. 우리 모두 자유롭게 이용할 수 있는 힘이자, 인간 주체성의 기초가 되는 힘이다. 어느 대륙, 어느 사회에서 무슨 일에 종사하든 우리는 이미 광합성을 촉진하는 법을 알고 있다.

햇빛을 수확하여 지구가 다시 자라게 하자.

주

1. Bodenheimer, F.S., *The History of Biology: an Introduction*. W. Dawson and Sons, 1958.
2. Howe, H.M., A root of van Helmont's tree. *Isis*, 1965, Vol. 56, pp. 408–419.
3. Helmont, J.B. v., *Ortus Medicinae, vel opera et opuscula omnia*. Franciscus Mercurius van Helmont, 1648.
4. Mariotte, E., *Discours de la nature de l'air, de la végétation des plantes. Nouvelle découverte touchant la vue*. Gauthier-Villars, 1923.
5. Hales. S., *Vegetable staticks, or*, An account of some statical experiments on the sap in vegetables: being an essay towards a natural history of vegetation: Also, a specimen of an attempt to analyse the air, by a great variety of chymio-statical experiments. W. & J. Innys & T. Woodward, 1727.
6. Darwin, E., *The Botanic Garden, A Poem in Two Parts. Part 1 The Economy of Vegetation. Part 2. The Loves of the Plants*. J. Johnson, 1791.
7. Liebig, J.F. v., Priesner. C., *Neue Deutsche Biographie*, 1985, Vol. 14, pp. 497–501.
8. Barnes, C.R., On the food of green plants. *Botanical Gazette*, 1983. Vol. 18, pp. 403–411.
9. Arrhenius, S., Über den einfluss des atmosphärischen kohlensäurengehalts auf die temperatur der

erdoberfläche. 1896, *Proceedings of the Royal Swedish Academy of Science*, Vol. 22, pp. 1–101.

10. [Online] Roser, E., & Ortiz-Ospina, M., World population growth, 2017. https://ourworldindata.org/world-population-growth.

11. Blankenship, R., *Molecular Mechanisms of Photosynthesis*. Wiley, 2002.

12. Barker, H.A., & Hungate, R.E., *Cornelius Bernardus van Niel, 1897–1985, A Biographical Memoir*. National Academy of Sciences, 1990.

13. Sagan, C., & Mullen, G., Earth and Mars: Evolution of atmospheres and surface temperatures. *Science*, 1972, Vol. 177, pp. 52–56.

14. Leman, L., Orgel, L., & Ghadiri, M.R., Carbonyl sulfide-mediated prebiotic formation of peptides. *Science*, 2004, Vol. 306, pp. 283–286.

15. Bell, E.A., Boehnke, P., Harrison, T. M., & Mao, W. L., Potentially biogenic carbon preserved in a 4.1 billion-year-old zircon. *Proceedings of the National Academy of Sciences*, 2015, Vol. 112, pp. 14518–14521.

16. Dodd, M.S., Papineau, D., Grenne, T. et al, Evidence for early life in Earth's oldest hydrothermal vent precipitates. *Nature*, 2017, Vol. 543, pp. 60–64.

17. Glansdorff, N., Xu, Y., & Labedan, B., The last common universal ancestor. *Biology Direct*, 2008, Vol. 3, pp. 29.

18. Holland, H.D., The oxygenation of the atmosphere and oceans. *Philosophical Transactions of the Royal Society*, 2006, Vol. 361, pp. 903–915.

19. Warneck, P., *Chemistry of the Natural Atmosphere*. Academic Press, 2000.

20. Haviga, J.R., & Hamilton, T.L., Snow algae drive productivity and weathering at volcanic rock-hosted

glaciers. *Geochimica et Cosmochimica Acta*, 2019, Vol. 247, pp. 220–242.

21. [Online] Weule, G., News. ABC Net, Twelve of the oldest fossils we've discovered so far, 2016. https://www.abc.net.au/news/science/2016-09-01/twelve-of-earths-oldest-known-fossils/7796176.

22. Cary, S.C., McDonald, I.R., Barrett, J.E., & Cowan, D.A., On the rocks: the microbiology of Antarctic Dry Valley soils. *Nature Reviews Microbiology*, 2010, Vol. 8, pp. 129–138.

23. Clarkson, M.O., Kasemann, S.A., Wood, R.A. et al, Ocean acidification and the Permo-Triassic mass extinction. *Science*, 2015, Vol. 348, pp. 229–232.

24. Smil, V., Detonator of the population explosion. *Nature*, 1999, Vol. 400, p. 415.

25. Lewin, R. A., Prochloron. *Phycologia,* 1975, Vol. 14, pp. 153–160.

26. Brockmann, J.H., & Lipinski, A., Bacteriochlorophyll g. A new bacteriochlorophyll from *Heliobacterium chlorum. Archives of Microbiology*, 1983, Vol. 136, pp. 17–19.

27. Noriaki, K., Yoshimasa, K., & Tatsuo, T., *Acidobacterium capsulatum* gen. nov., sp: An acidophilic chemoorganotrophic bacterium containing menaquinone from acidic mineral environment. *Current Microbiology*, 1991, Vol. 22, pp. 1–7.

28. Brenner, D.J., Krieg, N.R. & James, T.S., 'Introductory Essays'. In Garrity, George M. (ed.). *Bergey's Manual of Systematic Bacteriology*. (2nd ed.) Springer, 2004, (orig-pub: Williams & Wilkins, 1984), p. 304.

29. Lami, R., Cottrell, M.T., Ras, J. et al, High abundances of aerobic anoxygenic photosynthetic bacteria in the South Pacific Ocean. *Applied and Environmental Microbiology*, 2007, Vol. 73, pp. 4198–4205.

30. Beatty, J.T., Overmann, J., Lince, M.T. et al, An obligately photosynthetic bacterial anaerobe from a deep-sea hydrothermal vent. *Proceedings of the National Academy of Science*, 2005, Vol. 102, pp. 9306–9310.

31. Schimper, A.F.W., Über die entwicklung der chlorophyllkörner und farbkörpe. *Botanische Zeitung*, 1883, Vol. 41, pp. 105–114, 121–131, 137–146, 153–162.

32. Mereschkowski, K., Über natur und ursprung der chromatophoren im pflanzenreiche. *Biologisches Centralblatt*, 1905, Vol. 25, pp. 593–604.

33. Wallin, I.E., On the nature of mitochondria. I. Observations on mitochondria staining methods applied to bacteria. II. Reactions of bacteria to chemical treatment. *American Journal of Anatomy*, 1922, Vol. 30, pp. 203–229.

34. Wallin, I.E., *Symbionticism and the origin of species*. Williams & Wilkins Company, 1927.

35. Teresi, D., Discover interview: Lynn Margulis says she's not controversial, she's right. *Discover Magazine*, 2011.

36. Pollan, M., *The Botany of Desire*. Random House, 2001.

37. Burkholder, J.M., Noga, E.J., Hobbs, C.W. et al, New "phantom" dinoflagellate is the causative agent of major estuarine fish kills. *Nature*, 1992, Vol. 358, pp. 407–410.

38. [Online] IFLS, Marine plankton found on surface of International Space Station, 2014. https://www.iflscience.com/space/marine-plankton-found-surface-international-space-station.

39. Valmalette, J.C., Dombrovsky, A., Brat, P. et al, Light-induced electron transfer and ATP synthesis in a carotene synthesising insect. *Scientific Reports*, 2012, Vol. 2

40. Kerney R., Kim E, Hangarter R.P. et al, Intracellular invasion of green algae in a salamander host. *Proceedings of the National Academies of Sciences*, 2011, Vol. 108, pp. 6497–6502.

41. [Online] NASA Earth Observations (NEO), Net Primary Productivity, 2000–2016. https://earthobservatory.nasa.gov/global-maps/MOD17A2_M_PSN.

42. Field, C.B., Behrenfeld, M.J., Randerson, J.T., & Falkowski, P., Primary production of the biosphere: integrating terrestrial and oceanic components. *Science*, 1998, Vol. 281, pp. 237–240.

43. Buesseler, K.O., Boyd, P.W., Black, E.E., & Siegel, D.A., Metrics that matter for assessing the ocean biological carbon pump. *Proceedings of the National Academy of Sciences*, 2020, Perspective.

44. Bar-On, Y.M., Phillips, R., & Milo, R., The biomass distribution on Earth. *Proceedings of the National Academies of Sciences*, 2018, Vol. 115, pp. 16506–16511.

45. Burgess, M.G., & Gaines, S.D., The scale of life and its lessons for humanity. *Proceedings of the National Academies of Sciences*, 2018, Vol. 115, pp. 6328–6330.

46. Hatton, I.A., McCann K.S., Fryxell J.M. et al, The predator-prey power law: Biomass scaling across terrestrial and aquatic biomes. *Science*, 2015, Vol. 349.

47. Trebilco, R., Baum, J.K., Salomon, A.K. et al, Ecosystem ecology: size-based constraints on the pyramids of life. *Trends in Ecology & Evolution*, 2013, Vol. 28, pp. 423–431.

48. Beerling, D.J., & Berner R.A., Impact of a permo-carboniferous high O2 event on the terrestrial carbon cycle. *Proceedings of the National Academies of Sciences*, 2000, Vol. 97, pp. 12428–12432.

49. Andrei, V., Reuillard, B., & Reisner E., Bias-free solar syngas production by integrating a molecular cobalt catalyst with perovskite–BiVO4 tandems. *Nature Materials*, 2020, Vol 19, pp. 189–194.

50. [Online] Revision of World Population Prospects. UN DESA Population Division, 2019. https://population.un.org/wpp/.

51. Rosling, H., *Factfulness*, Sceptre Books, 2018.

52. Bar-On, Y.M., Phillips, R., & Milo, R., The biomass distribution on Earth. *Proceedings of the National Academies of Sciences*, 2018, Vol. 115, pp. 16506–16511.

53. Stiling, P., Ecology: *Theories and Applications*. Prentice Hall, 1996.

54. Paul, J., Hanson, Griffiths, N.A., Iversen C.M. et al., Rapid net carbon loss from a whole-ecosystem warmed peatland. *AGU Advances*, 2020, https://doi.org/10.1029/2020AV000163).

55. [Online] NPR.org, Your grandparents spent more of their money on food than you do, 2015. https://www.npr.org/sections/thesalt/2015/03/02/389578089/your-grandparents-spent-more-of-their-money-on-food-than-you-do?t=1561615587117.

56. [Online] OECD-FAO Agricultural Outlook, 2012. https://doi.org/10.1787/19991142.

57. Wallace, R.J., Sasson G., Garnsworthy, P.C et al, A heritable subset of the core rumen microbiome dictates dairy cow productivity and emissions. *Science Advances*, 2019, DOI: 10.1126/sciadv.aav8391.

58. Coady, D., Parry, I., Sears, L., & Shang, B., How large are global energy subsidies? IMF Working Papers WP/15/105, 2015.

59. Coady, D., Parry, I., Sears, L., & Shang, B., How large are global energy subsidies? IMF Working Papers WP/15/105, 2015.

60. Haberl, H., Erb, K.H., Krausmann, F. et al, Quantifying and mapping the human appropriation of net primary production in earth's terrestrial ecosystems. *Proceedings of the National Academies of Sciences*, 2007, Vol. 104.

61. Pharo, P., Oppenheim, J., Pinfield, M. et al, Growing better: ten critical transitions to transform food and land use. *The Food and Land Use Coalition*, 2019.

62. [Online] The Stern Review on the Economic Effects of Climate Change. Population and Development Review, 2006. https://doi.org/10.1111/j.1728-4457.2006.00153.x.

63. [Online] N, Stern. *The Observer*, Nicholas Stern: cost of global warming 'is worse than I feared', 2016. https://www.theguardian.com/environment/2016/nov/06/nicholas-stern-climate-change-review-10-years-on-interview-decisive-years-humanity.

64. [Online] World Bank, Carbon pricing dashboard, 2020. https://carbonpricingdashboard.worldbank.org/map_data.

65. [Online] Cost the Earth sources. BBC Earth, 2015. http://www.bbc.com/earth/story/cost-the-earth-sources.

66. Grooten, M., & Almond, R.E.A., *Living Planet Report – 2018: Aiming Higher*, WWF, 2018.

67. [Online] Cost the Earth sources. BBC Earth, 2015. http://www.bbc.com/earth/story/cost-the-earth-sources.

68. The Greatest Story Never Told, Iowa Public Radio, 2017.

69. [Online] Watts, J., *The Guardian*. Third of Earth's soil is acutely degraded due to agriculture, 2017. https://www.

theguardian.com/environment/2017/sep/12/third-of-earths-soil-acutely-degraded-due-to-agriculture-study.

70. [Online] Dickinson, M., & Mace, G., Climate change and challenges for conservation. Grantham Briefing Paper 13, 2015. https://www.imperial.ac.uk/grantham/publications/briefing-papers/climate-change-and-challenges-for-conservation---grantham-briefing-paper-13.php.

71. Eakin, H., Bojórquez-Tapia, L., Janssen, M.A. et al, Urban resilience efforts must consider social and political forces, *Proceedings of the National Academies of Sciences*, 2017, Vol. 114.

72. [Online] OECD Report, Joint Working Party on Agriculture and the Environment, Improving energy efficiency in the agro-aood chain, 2016. https://www.oecd.org/officialdocuments/publicdisplaydocumentpdf/?cote=COM/TAD/CA/ENV/EPOC(2016)19/FINAL&docLanguage=En.

73. Monforti-Ferrario, F., Dallemand J.F., Pinedo Pascua I. et al, Energy use in the EU food sector: State of play and opportunities for improvement. *JRC Science and Policy Report*, 2015.

74. [Online] USGS, Nitrogen Statistics and Information. https://www.usgs.gov/centers/nmic/nitrogen-statistics-and-information.

75. [Online] Phys.org, Novel reaction could spark alternate approach to ammonia production, 2018. https://phys.org/news/2018-05-reaction-alternate-approach-ammonia-production.html.

76. [Online] Phys.org, Researchers dramatically clean up ammonia production and cut costs, 2019. https://phys.org/news/2019-04-ammonia-production.html.

77. Gao, W., Guo, J., Wang P. et al, Production of ammonia via a chemical looping process based on metal imides

as nitrogen carriers, *Nature Energy*, 2018, Vol. 3, pp. 1067–1075.

78. [Online] McLaughlin, L., Forest Green Rovers granted planning permission for all-wooden stadium. *The Guardian*, 2019. https://www.theguardian.com/football/2019/dec/29/forest-green-rovers-granted-planning-permission-for-all-wooden-stadium.

79. Galina, C., Organsch, A., Reyer, C.P.O. et al, Buildings as a global carbon sink. *Nature Sustainability*, 2020, Vol. 3, pp 269–276.

80. Crowther, T.W., Glick H.B., Covey K.R. et al, Mapping tree density at a global scale, *Nature*, 2015, Vol. 525, pp. 201–5.

81. Bastin, J-F., Finegold, Y., Garcia, C. et al, The global tree restoration potential, *Science*, 2019, Vol. 365, pp. 76–79.

82. Makarieva, A., & Gorshkov, V., The Biotic Pump: condensation, atmospheric dynamics and climate, *International Journal of Water*, 2010, Vol. 5, pp. 365–385.

83. Jovine, R.V.M., Bylina, E.J., Tiede, D.M., & Youvan, D.C., Mutations directed at Tyrosine L162 of the Bacterial Photosynthetic Reaction Center. [book auth.] Lamb, C., & Beachy, R., Wiley-Liss, *New Series* Vol. 129, 1990.

84. Bylina, E.J., Jovine, R.V.M., & Youvan, D.C., A genetic system for rapidly assessing herbicide that compete for the quinone binding site of Photosynthetic Reaction Centers. *Bio/Technology*, 1989, pp. 69–74.

85. Paul, F., South, P.F., Cavanagh, A.P. et al, Synthetic glycolate metabolism pathways stimulate crop growth and productivity in the field. *Science*, 2019, Vol. 363.

86. Tennyson, A., In Memoriam A.H.H., Edward Moxon, 1850.

87. [Online] World Resources Institute, How to sustainably feed 10 billion people by 2050 in 21 charts, 2018. https://www.wri.org/blog/2018/12/how-sustainably-feed-10-billion-people-2050-21-charts.

88. Sullivan M.J.P., Lewis S.L., Affum-Baffoe K. et al, Long-term thermal sensitivity of Earth's tropical forests. *Science*, 2020, Vol. 368, pp. 869–874.

89. Malthus, T.R., *An Essay in the Principle of Population or, A view of its past and present effects or Human Happiness*, John Murray, 1798.

90. Ehrlich, P.R., *The Population Bomb*, Sierra Club/Ballantine Books, 1968.

91. [Online] The Best Stats You've Ever Seen, Hans Rosling, 2007. https://www.youtube.com/watch?v=hVimVzgtD6w.

92. [Online] World Values Survey Association. http://www.worldvaluessurvey.org/wvs.jsp.

93. [Online] Revision of World Population Prospects. UN DESA Population Division, 2019. https://population.un.org/wpp/.

94. Vollset, S.E., Goren E., Yuan C-W. et al, Fertility, mortality, migration, and population scenarios for 195 countries and territories from 2017 to 2100: a forecasting analysis for the Global Burden of Disease Study. *Lancet*, 2020, Vol. 396, pp. 1285–1306.

감사의 말

내 최우선순위인 아내에게. 이 책을 비롯해 사막에서 보낸 몇 년이라는 시간은 당신이 없었다면 꿈도 못 꾸었을 겁니다. 그리고 우리 아들딸 올리비아, 해나, 한스 사일러스, 애덤, 노라에게 고맙다는 인사를 전합니다. 미래는 너희 것이고 그게 당연한 거란다.

우리 가족은 늘 너그럽게 인내해주며 끝없이 힘이 되어줍니다. 모두 한결같이 어떻게 세상을 바꾸어야 온 세상 사람과 모든 생명체가 지금보다 쾌적하고 온화하게 살 수 있을지 궁금증이 넘쳐납니다. 책에 담긴 삽화는 어른스러운 딸 노라 조빈이 현대적 감성을 담아 그려주었습니다.

가족을 비롯해 수많은 멋진 런던 시민에게도 고맙다는 말을 전하고 싶습니다. 뼛속부터 낙천적인, 세상 누구보다 사랑스러운 사람들을 알게 되어 축복이라고 생각합니다. 저는 버러 마켓 근처에 살고 있는데, 만약 광합성이 만든 활기찬 생기를 맛보고, 향을 맡고, 직접 보고 싶다면, 남부 런던에서 천

년을 이어오며 운영 중인 이곳 채소 시장을 추천드립니다. 가슴이 뛰실 거예요.

예일대학교, 매사추세츠공과대학교, 캘리포니아대학교 샌타바버라 캠퍼스, 그리고 우즈홀 해양연구소(WHOI)에 계신 훌륭하고 또 그만큼 인내심 있는 멘토들, 교수들, 그리고 선배들에게 신세를 졌습니다. 진짜 기적은 툭하면 반항하고 선생님을 피해 숲에 숨어들었던 저 같은 산골 소년 무단 결석생을 이분들이 해양생물학자로 바꾸어놓았다는 것이겠죠. 마찬가지로 모든 직장 동료들, 너그러운 고용주들, 그리고 참을성 있는 상사들에게도 감사합니다. 이 모든 분이 몽상가인 저에게 더 크게 꿈을 꾸도록 가르쳐주었습니다.

완벽하게 일을 처리해준 취리히 공항역 스위스 연방 철도에도 특별히 감사를 전합니다. 스위스 기차에서 여권, 승차권, 이 책의 원고까지 잃어버렸다가 75분 만에 전부 완벽한 상태로 찾을 수 있었거든요.